KB125196

미래혁신기술,
자연에서 답을 찾다

미래혁신기술,
자연에서 답을 찾다

제1판 제1쇄 발행 2020년 3월 16일
제1판 제2쇄 발행 2020년 12월 30일

지은이 김완두
펴낸이 임용훈

마케팅 오미경
편집 전민호
디자인 디자인86 김윤미
용지 (주)정림지류
인쇄 올인피앤비

펴낸곳 예문당
출판등록 1978년 1월 3일 제305-1978-000001호
주소 서울시 영등포구 문래동6가 19 SK V1 CENTER 603호(선유로 9길 10)
전화 02-2243-4333~4
팩스 02-2243-4335
이메일 master@yemundang.com
블로그 www.yemundang.com
페이스북 www.facebook.com/yemundang
트위터 @yemundang

ISBN 978-89-7001-710-5 13530

＊ 본사는 출판물 윤리강령을 준수합니다.
＊ 이 책은 저작권법에 의하여 보호를 받는 저작물이므로 무단전재와 무단복제를 금합니다.
＊ 파본은 구입하신 서점에서 교환해 드립니다.

＊ 이 도서의 국립중앙도서관 출판시도서목록(CIP)은 e-CIP홈페이지(http://www.nl.go.kr/ecip)와 국가자료
   공동목록시스템(http://www.nl.go.kr/kolisnet)에서 이용하실 수 있습니다.(CIP제어번호:CIP2020007320)

미래혁신기술,
자연에서 답을 찾다

생체모방에서
자연모사로의 진화

김완두 지음

머 리 말

최근 초연결·초지능 사회 구현을 위한 4차 산업혁명의 물결이 거세지고 있는 가운데, 지구 자연 생태계 환경을 고려하지 못한 일방적 과학기술 발전과 산업화 가속으로 인하여 에너지·자원 고갈, 환경 파괴 및 기후변화 등의 폐해는 고스란히 인류의 삶을 위협하고 있다. 이 책에서는 자연 생태계의 선순환적 메커니즘에서 영감을 얻어 과학기술의 많은 난제를 해결하고 새로운 혁신성장을 이룩할 수 있는 '자연모사기술'이 알기 쉽게 소개된다.

자연모사기술이라는 용어를 처음 사용하기 시작한 지도 어느덧 15년이 넘었다. 2004년 말, 정부 연구개발사업으로 수행된 '나노섬모 자연모사 원천기술 및 기반 구축사업'에서 국내 최초로 '자연모사'라는 용어를 사용하기 시작했다. 2006년부터 2008년까지는 한국기계연구원의 전문연구사업으로써 '자연모사 응용 바이오기계시스템 기술개발'을 수행했으며, 그 이후 10여 년 동안 '생태모사 청정표면 가공기술개발', '생체청각기구를 모사한 인공 감각계 원천기술개발', '자연모사 응용 스마트 물/용제 순환기술개발', '센서 시장 점유율 확대를 위한 자연모사 감각 센서 기술개발 기획 연구', '환부 맞춤형 피부 재생을 위한 직접 도포용 3차원 바이오프린팅 장비개발', '환경위험 저감을 위한 지속가능한 자연모사 Naturoids 개발 선행연구' 그리고 '사용 종료 매립지 안정화를 위한 생태모방 확공용 굴착 공법 개발' 등 많은 자연모사기술 관련 연구를 수행해오고 있다.

이 책의 1장에서는 '지속가능한 미래를 위한 패러다임의 전환'이라는 주제로 다시 새롭게 자연에 눈을 돌려 지구 자연 생태계와 인류가 공존할 수 있는 새로운 패러다임의 기술개발과 청색경제 발전에 기여할 수 있는 지속가능한 미래의 산업혁명이 이루어지기를 기대하는 내용이 다루어진다. 2장에서는 '자연과 과학 그리고 예술'에 대한 필자의 기고문을 중심으로 흥미있는 얘기가 소개된다. '자연의 여신과 과학의 여신', '자연의 가치', '자연스러움의 비밀', '생물의 다양성과 생물자원의 가치', '생체모방에서 자연모사로', '한글의 보편성', '예술과 과학의 만남', '아티언스의 선구자, 레오나르도 다빈치', '자연모사기술과 자동차', '자연의 비밀로 에너지 효율을 높이다' 등의 다양한 주제가 펼쳐진다.

3장에서는 자연모사기술에 관심을 두고 있는 전문가는 물론이고 중고등학생이나 일반인도 이해하기 쉽도록 '자연에서 배운 기술'에 대해 설명하며, 4장에서는 대표적인 '자연에서 영감을 얻은 다양한 디자인과 건축물'의 사례를 소개한다. 5장은 본인이 직접 연구에 참여해온 분야인 인간과 동물의 감각기관을 모사한 여러 첨단 기술들을 소개하며, 6장에서는 4차 산업혁명 시대에 더욱 관심이 높아지고 있는 3차원 프린팅 기술의 최근 이슈와 4차원 프린팅과 바이오프린팅 기술 개념, 그리고 인공장기를 프린팅하는 기술에 대해 소개한다. 마지막으로 7장에서는 책을 마무리하면서 4차 산업혁명과 최근의 핵심 키워드가 되고 있는 인공지능과 인류세에 대한 필자의 생각을 피력했다.

평생 출연연구원에 몸담아 오면서 평소 과학기술의 대중화와 과학문화 확산을 위해 노력해온 연구자의 한 사람으로서 작은 기록을 남겨보고자 하는 소망으로 이 책을 발간한다.

오랫동안 같은 연구실에서 동고동락해온 한국기계연구원 나노자연모사 연구실의 여러 동료 연구원들과 책이 만들어지기까지 편집 과정에서 큰 도움을 주신 여러분들, 그리고 기꺼이 추천의 글을 써주신 평소 존경하는 여러분들께도 심심한 감사의 말씀을 드린다.

2020년 2월

한국기계연구원 김 완 두

우리는 어디에서 왔는가?

고갱의 그림으로 유명한 이 화두는 철학자·과학자들이 끊임없이 탐구해온 미스터리 중 하나다. 호모속의 생성으로 이어진 계통이 침팬지의 계통에서 분리된 것은 600만 년 전의 일이라는 것이 정설이다. 인간이 보유한 30억 개의 DNA 염기쌍 중 1.4%만이 침팬지의 그것과 다르다. 이것은 인간과 침팬지 사이의 차이점은 분자 수준의 행동에서 나타나는 극적인 차이점과 비교할 때 아주 미미한 것에 불과하다는 뜻이다.

미국 UC 샌디에이고의 세지노스키(Terrence J Sejnowski) 교수는 이를 두고 "자연이 인간보다 영리하다는 사실이 확인된 것이다"라고 역설하고 있다. 38억 년 전에 생명이 최초로 탄생한 이후 끊임없이 진화가 계속되고 기술도 발전하고 있다. 태양광 발전은 광합성작용을 모방한 기술이라 할 수 있다. 20세기 초, 18세의 한 인도 청년이 영국 유학을 위해 아라비아해를 항해하던 중 하늘의 별을 보고 태양의 수명을 계산하여 태양보다 1.4배 이상이 되어야 폭발한다는 계산을 해내고 수십 년 후 노벨 물리학상을 받게 된다.

별이란 무엇인가? 스스로 빛을 내야 하는데 어떻게 빛을 낼까? 핵융합이 그 해답이라는 사실을 과학자들이 밝혔다. 지금 이 순간에도 태양은 매 초마다 인간이 100만 년간 사용할 수 있는 에너지를 태양계에 방출하고 있다. 프랑스 카다라쉬에의 ITER 사업은 현재 핵융합 발전의 전 단계인 시험로 건설 과정에서 기술적 어려움을 토로하고 있지만, 2050년경에는 상업화가 가능할 것이라 과학자들은 예측하고 있다. 현재 가동 중인 핵분열에 의한 원자력 발전소는 핵융합 발전으로 가기 위한 중간 단계라고 볼 수 있다. 그리고 이런 태양광이나 핵융합로 기술은 결국 모두 자연현상을 모방한 것이다.

인간의 역사는 기술의 역사이며, 기술의 역사는 자연모방의 역사라고 해도 과언이 아니다. 지렁이들이 토양을 가꾸어 지구의 얼굴을 바꿔 놓았다는 다윈의 지렁이를 비유하면 자연을 모방하여 기술을 개발한 인간도 지구의 모습을 바꾸고 있다. 자원 고갈과 환경 파괴 및 기후변화 등으로 몸살을 앓고 있는 지구 문제도 자연모사기술을 통해 해결할 수 있으리라 기대하는 것은 당연하다 하겠다.

이러한 때에 시의적절하게도 자연모사기술 분야의 세계적 권위자인 김완두 박사가 자연모사를 통해 거시적으로는 지구 생태계와 인류가 공존하는 해법을 제시하고, 일반인을 위해 전문적이면서도 이해하기 쉬운 자연모사기술 책을 발간하게 되어 이렇게 축하의 말을 전한다. 급속히 다가오고 있는 4차 산업혁명의 화두인 인공지능과 인류세에 대해서도 심도 있는 분석을 내놓아 미래를 대비하는 모든 분들에게 귀중한 지침서가 될 것이라 믿어 의심치 않는다.

유 희 열

(KT 사외이사, 한국이산화탄소 포집 및 처리연구개발센터 이사장,
한국방사선 진흥협회 자문 위원장, 씨에스컴퓨터 고문)

'4차 산업혁명'이라는 쓰나미가 등장하기 이전인 2010년, 『청색경제(Blue Economy)』라는 책 한 권이 전 세계를 강타했다. 벨기에 환경운동가인 군터 파울리는 오랜 구상 끝에 펴낸 이 책에서 "생산과 소비를 부추겨 지구의 자원을 고갈시키는 '적색경제'와 이의 한계를 극복하고자 등장한 저탄소 성장의 '녹색경제'를 한 단계 뛰어넘는 무(無)탄소 '청색경제'를 추구하자"고 제안했다.

그는 당시 대세였던 '녹색경제'의 한계를 극복하는 혁신적인 모델을 '청색경제'로 명명하고, 식량, 연료, 환경, 경제적 위기로 곤경에 처한 지구의 미래를 지속가능한 방향으로 이끌 수 있다고 주장했다. 녹색경제는 환경보호를 위한 비용이 수반되지만, 청색경제는 환경을 보호하면서도 더 나은 물질적 풍요를 누릴 수 있다는 것이었다. 이런 그의 혁신적인 주장은 저명한 과학 칼럼니스트인 이인식 지식융합연구소장에 의해 한국에 소개됐고, 곧이어 많은 학자들이 관심을 표명하며 적극적으로 연구와 인접 학문에의 적용에 몰두하기 시작했다.

청색경제 이론의 핵심은 생태계의 지혜를 활용하는 '자연모사'라 할 수 있다. 이 분야에서 가장 역동적으로 연구와 관심 환기를 설파하는 연구자는 한국기계연구원(KIMM) 나노자연모사연구실의 김완두 연구위원이다. 그가 자연모사의 이론과 연구방향을 제시하는 역저를 펴낸다 하여 이렇게 추천의 글을 보낸다.

그는 "전 세계적으로 골머리를 앓고 있는 기후변화, 에너지·자원 부족, 생태계 파괴, 환경오염, 미세먼지 등의 모든 문제들은 지구의 생태용량을 초과하여 나타나는 현상"이라고 지적하고, "자연은 인간이 가지고 있는 여러 문제점 즉, 환경, 물, 에너지, 기후변화 등에 솔루션을 제공해 줄 것"이라고 주장한다. 그 중에서도 특히 "초연결·초지능 사회 구현을 위한 4차 산업혁명의 물결이 거세게 일고 있지만, 지구 자연 환경을 고려하지 못한 일방적 과학기술 발전과 산업화의 가속화로 인한 에너지·자원 고갈, 환경 파괴 및 기후변화는 더욱 가속화될 것으로 우려된다. 지속가능한 미래사회로 발전시키고, 지구 생태계에 끼치는 영향의 최소화와 혁신성장 산업 발전을 위한 새로운 패러다임의 과학기술혁신 체계 구축이 필요한 시점"이라는 제언은 우리 과학기술계와 관련 산업계가 귀 기울여야 할 대목이라고 생각한다.

한국기계연구원에서 주목받는 연구 실적을 잇달아 내놓으면서도 국가과

학기술위원회 전문위원과 대한기계학회장 등 과학 분야 행정에도 활발한
활동을 해온 김완두 박사의 이번 저서가 자연모사 분야에 대한 관심 제고와
연구 활성화에 많은 자극을 줄 것임을 믿어 의심치 않는다.

윤 승 용
(남서울대학교 총장)

왜 우리는 항상 소를 잃고 외양간을 고칠까?

과학기술은 인간의 삶을 참으로 윤택하고 편하게 만들었다. 그리고 더 나은 세상을 위하여 과학기술자들은 오늘도 연구에 매진하는 중이다. 하지만 과학기술의 발전은 인간이 삶을 대하는 태도도 바꾸어 놓았다. 사람들은 너무 바빠졌고, 우리 또는 나만을 위한 효율성을 추구하는 이기적인 선택을 자주 하게 된다.

삶에는 항상 양면성이 존재한다. 해와 달, 양과 음, 백과 흑, 기쁨과 슬픔 그리고 동전의 앞면과 뒷면처럼 과학기술의 발전에도 긍정적인 면과 부정적인 면이 항상 공존한다. 풍요로운 삶이 긍정적인 결과라면, 파괴되는 자연은 부정적인 결과이다. 자연모사기술은 과학기술의 긍정적인 면을 더욱 발전시키면서도 부정적인 면을 최소화하려는 과학기술의 가장 이상적인 전략이다.

자연모사라는 단어는 미래기술을 준비하기 위해 별동대처럼 조직된 한국기계연구원 미래기술연구부원들의 산물이다. 이 책의 저자인 김완두 박사를 중심으로 젊은 신입 박사들이 패기를 가지고 미래를 꿈꾸며 집단지성을 발휘한 외침이었다.

자연 그리고 인간과 공존하는 과학기술이야말로 가장 지속가능한 미래를 만드는 기본이며, 그 아이디어는 삶의 터전인 자연으로부터 얻어진다. 자연모사기술을 연구하다 보면 풀 한 포기, 곤충 한 마리가 남다르게 느껴진다. 연구를 하면 할수록 겸손해질 수밖에 없다.

　미래기술연구부에서 나노자연모사연구실로 조직을 구체화한 후, 연잎을 구하기 위해 연못을 찾아다니고 연구실 앞 복도에 죽어 있던 나방을 발견하고는 너무나 기뻐하며 바로 전자현미경 사진을 찍던 우리 실원들은 자연이 주는 지혜에 그저 감탄할 수밖에 없었고, 지금도 연잎을 닮은 자기세정 표면, 나방 눈을 모사한 반사가 없는 유리, 달팽이관을 모사한 인공 와우, 사막의 딱정벌레를 모사한 수분수집기 등 다양한 연구를 진행 중이다. 또한 이전까지 풀지 못했던 문제들의 새로운 아이디어를 얻고, 친환경적으로 이를 해결하기 위한 과학기술의 해답을 찾는 자연모사기술을 모든 연구자들이 함께 했으면 하는 바람으로 2005년부터 많은 정책보고서를 작성하고 국제학회를 개최하며 세계의 과학자들과 함께 국제표준작업을 진행하고 있다.

　하지만 사람들은 아직도 지속가능한 미래에 대한 것은 미처 생각하지 못하고 눈앞에 산적해 있는 문제들에만 관심을 기울인다. 우리는 미세먼지를 없애야 하고, 미세플라스틱을 제거해야 한다. 하지만 묻고 싶다. 미세먼지는 누가 만들었으며, 미세플라스틱은 어디서 왔는가? 왜 우리는 힝싱 물을 엎지르고 닦으려 하는가? 조금은 불편하고 늦게 가더라도 미세먼지를 내뿜지 않는 기계와 환경에 해가 없는 재료로 물건을 만들어 사용할 수는 없는 것일까?

자연모사기술은 생각처럼 쉽지 않다. 자연을 이해하는 것도, 자연에서 아이디어를 추출하여 공학적으로 응용하는 것도 말이다. 하지만 우리 실원들은 자연모사기술이 가지고 있는 그 가치를 알기에 아직은 중요성을 인정받지 못하는 어려운 환경 속에서도 고군분투하고 있다. 이 책이 소를 잃기 전에 외양간을 고치는 현명한 우리들을 만드는 시발점이 되길 기대한다.

한국기계연구원 나노자연모사연구실원을 대표하여
임 현 의 실장

목 차

머리말 / 추천사 / 목차

우리는 다시 새롭게 자연에 눈에 돌려,
지구 생태계와 인류가 공존할 수 있는 새로운 패러다임의 기술개발을 통해
지속가능한 미래사회로 나아가야 하겠다.

제1장

지속가능한 미래를 위한
패러다임의 전환

① 지구용량초과일

국제환경단체 지구생태발자국네트워크(GFN; Global Footprint Network)에서는 매년 '지구용량초과일(EOD; Earth Overshoot Day)'을 발표한다. 지구용량초과일이란 인간이 지구에서 삶을 영위하기 위해 필요한 의식주, 에너지, 자원 등의 생산, 폐기물의 발생과 처리에 들어가는 전체 비용을 토지 면적으로 환산하여 표시한 생태발자국(Ecological Footprint, 단위 GHA) 값을 자연이 가진 생태용량과 비교하여 계산한 값을 말한다. 다시 말해, 자연 생태계가 인류에게 준 1년 분량의 자원을 모두 써버린 날을 뜻하는 것이다.

최초로 지구의 생태용량을 초과하여 소비가 이뤄진 때는 1970년대 초반이었으며, 해마다 조금씩 앞당겨져 2020년에는 코로나의 영향으로 2019년의 7월 29일에서 3주나 늦춰진 8월 22일을 기록했다. 우리나라는 4월 9일로써 세계에서도 매우 심각한 수준에 속한다. 전 세계적으로 골머리를 앓고 있는 기후 변화, 에너지·자원 부족, 생태계 파괴, 환경오염(특히 미세플라스틱), 미세먼지 등의 모든 문제가 지구의 생태용량을 초과하여 나타나는 현상이라고 볼 수 있다.

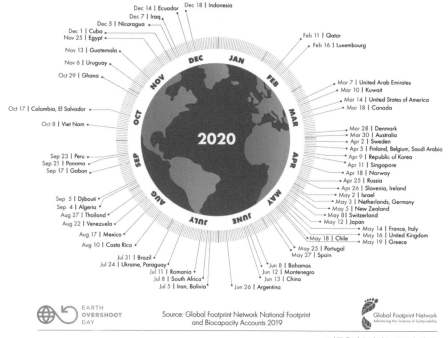

Country Overshoot Days 2020

When would Earth Overshoot Day land if the world's population lived like...

Dec 18 | Indonesia
Dec 14 | Ecuador
Dec 7 | Iraq
Dec 5 | Nicaragua
Dec 1 | Cuba
Nov 25 | Egypt
Nov 13 | Guatemala
Nov 6 | Uruguay
Oct 29 | Ghana
Oct 17 | Colombia, El Salvador
Oct 8 | Viet Nam
Sep 23 | Peru
Sep 21 | Panama
Sep 17 | Gabon
Sep 5 | Djibouti
Sep 4 | Algeria
Aug 27 | Thailand
Aug 22 | Venezuela
Aug 17 | Mexico
Aug 10 | Costa Rica
Jul 31 | Brazil
Jul 24 | Ukraine, Paraguay
Jul 11 | Romania
Jul 8 | South Africa
Jul 5 | Iran, Bolivia
Jun 26 | Argentina
Jun 13 | China
Jun 12 | Montenegro
Jun 8 | Bahamas
May 27 | Spain
May 25 | Portugal
May 19 | Greece
May 18 | Chile
May 16 | United Kingdom
May 14 | France, Italy
May 12 | Japan
May 8 | Switzerland
May 5 | New Zealand
May 3 | Netherlands, Germany
May 2 | Israel
Apr 26 | Slovenia, Ireland
Apr 25 | Russia
Apr 18 | Norway
Apr 11 | Singapore
Apr 9 | Republic of Korea
Apr 5 | Finland, Belgium, Saudi Arabia
Apr 2 | Sweden
Mar 30 | Australia
Mar 28 | Denmark
Mar 18 | Canada
Mar 14 | United States of America
Mar 10 | Kuwait
Mar 7 | United Arab Emirates
Feb 16 | Luxembourg
Feb 11 | Qatar

2020

EARTH OVERSHOOT DAY

Source: Global Footprint Network National Footprint and Biocapacity Accounts 2019

Global Footprint Network
Advancing the Science of Sustainability

지구용량초과일(2020년 기준)
https://www.overshootday.org/newsroom/country-overshoot-days/

이와 비슷하게 유엔 발전 프로그램에서도 지속가능한 발전을 위한 17가지 글로벌 목표를 제시한 바 있다. 빈곤과 기아의 탈피, 건강과 웰빙, 질적 교육, 양성평등, 깨끗한 물과 위생, 풍족하고 깨끗한 에너지, 양질의 일자리와 경제성장, 산업 혁신과 인프라 구조, 불평등 감소, 지속가능 도시와 공동체, 책임 소비·생산, 기후변화 대응, 바다·육지 생물종 보존, 평화와 정의 구현, 목표 달성을 위한 파트너십 구축 등 인류가 추구하고 있는 목표를 구체적으로 보여준다.

현재 전 세계는 초연결·초지능 사회 구현을 위한 4차 산업혁명의 물결이 거세게 일고 있지만, 지구 자연환경을 고려하지 못한 일방적인 과학기술 발전과 산업화로 인한 에너지·자원 고갈, 환경 파괴 및 기후변화는 더욱 가속화될 것으로 우려되고 있다. 그러므로 지속가능한 미래사회로의 발전, 지구 생태계에 끼치는 영향의 최소화, 혁신성장 산업 발전을 위한 새로운 패러다임의 과학기술 혁신체계 구축이 시급한 시점이라고 할 수 있다.

17가지 지속가능 발전 목표(SDGs)

② 자연이 알려주는 것들 - 청색경제와 자연모사기술

　녹색기술에 기반을 둔 녹색경제의 진보된 개념인 '청색경제(Blue Economy)'가 다시금 관심을 받고 있다. 벨기에 태생의 사업가이자 환경운동가인 군터 파울리(Gunter Pauli)는 그의 저서 『청색경제』에서 2020년까지 자연에서 배운 100가지의 혁신기술로 1억 개의 새로운 일자리를 창출할 수 있다고 주장한다. 세계적인 경제 위기 속에서도 지속가능한 사회로의 발전은 모든 나라가 추구하는 대의명제로 다가오고 있다. 지속가능 발전에 필수적인 지속가능 기술은 바로 환경 보전, 경제 발전, 동반성장, 고용창출, 안전사회 구현 등을 표방하고 있으며, 청색경제와 같은 맥락으로 이해되고 있다.

　2018년 10월, 세종시에서 개최된 '국제청색경제포럼(IBEF: International Blue Economy Forum)'에서는 청색경제를 '자연에서 영감을 얻은 혁신적인 기술(자연모사기술, 청색기술, 생태모방기술 등)을 기반으로 환경오염과 자원 낭비를 최소화하며, 지속가능 발전을 달성하는 새로운 패러다임의 선순환적 경제 시스템'으로 정의내렸다.

여기서 '자연모사기술'이란 자연 생명체의 기본 구조, 원리 및 메커니즘 그리고 자연의 생태계와 자연 현상에서 영감을 얻어 공학적으로 응용하는 기술을 뜻하며, 청색기술, 생태모방기술 등과 유사한 의미로 사용한다.

한마디로 현존하는 공학 기술의 난제를 38억 년의 진화를 통해 최적화된 생명체의 생물학적 분석(Abstraction)과 공학적 설계·제조 기술로의 전사(Transfer)를 통해 혁신적인 방식으로 해결하려는 다학제간의 융합기술인 것이다.

자연모사기술은 2000년대 이후 급속히 발전한 마이크로·나노 단위의 분석 기술과 설계·제조 기술을 바탕으로 미국·독일·일본 등 기술 선진국에서 기존의 공학 기술을 새로운 차원으로 발전시킬 수 있는 방안으로 여기고 활발한 연구 및 투자를 이어가고 있는 기술 분야이다. 2013년 미국의 샌디에이고 동물원에서 발간한 정책보고서「Bioinspiration: An Economic Progress Report」에 따르면 자연모사/생체모방기술은 2030년에 전 세계 GDP 기준 1.6조 달러를 차지하고, 미국 내에 240만 개의 일자리를 창출할 수 있을 것으로 예측하고 있다.

자연모사기술 R&D 사업은 국가 전략, 경제 성장, 과학기술 경쟁력 향상이라는 기존 R&D 사업의 목적 달성과 더불어 인간과 자연의 공존, 기후변화 및 환경오염에 선제적 대응, 태동·성장기 신기술 확보를 목적으로 하고 있다. 기존의 공학적 문제해결 방식에서는 많은 에너지가 필요하고 환경에 부담을 주는 다양한 물질을 사용하는 반면, 자연의 방식에서는 많은 정보와 다양한 구조로써 에너지 효율을 극대화하고 환경 부담을 최소화하는 방식으로 문제를 해결하고 있다.

③ 다시 자연으로 돌아가자!

  18세기 스위스 제네바공화국에 태어나 프랑스에서 활동한 사상가이자 계몽주의 철학자인 장 자크 루소(Jean-Jacques Rousseau, 1712~1778)는 인간의 자연성 회복을 위하여 '자연으로 돌아가라'라는 명언을 남겼다. 비슷한 시기 스코틀랜드에서 태어난 제임스 와트(James Watt, 1736~1819)는 증기기관에 응축기를 부착하여 효율을 높이는 데 성공했으며, 1784년에는 최초의 기계식 방직기가 개발되어 1차 산업혁명의 원동력이 되었다.

  1차 산업혁명 이후 인류의 사회발전지수(SPI: Social Progress Imperative)는 여전히 급격히 증가하고 있으며, SPI의 증가 추세와 비슷하게 1800년 즈음에 10억 명에 불과하던 세계 인구수도 2017년 말에는 76억 명에 이르렀다. 여러 차례의 산업혁명을 통해 경제 발전과 삶의 질 향상이 이뤄졌다고 하나, 자연 생태계 훼손에 따른 많은 난제들은 끊임없이 문제로 지적되어왔다. 그동안 주위 자연환경을 돌아보지 못하고 눈앞의 이익만을 추구하며 달려온 데서 비롯된 필연적인 현상이었다.

4차 산업혁명은 당초 독일에서 주장해 온 제조업 혁신을 의미하는 '인더스트리 4.0'에 그 뿌리를 두고 있으며, 이를 통해 미래 제조업의 세계시장을 주도하고 양질의 일자리 창출과 제조업의 생산성을 높여 경쟁력을 확보하고자 하고 있다. 4차 산업혁명의 핵심기술이라고 하는 인공지능도 결국의 인간 두뇌의 지능을 최대한 모사하는 기술이며, 자율자동차 또한 인간의 감지와 대처능력을 재현하는 기술로써 큰 틀에서 자연모사기술에 포함된다고 할 수 있다. 이렇듯 자연모사혁신기술의 범위는 단순한 형태와 기능만을 모사하는 것이 아니라 지능과 행동, 공정과 시스템 등 모든 영역을 아우를 수 있는 종합적인 융합기술로써, 그 응용범위도 제조업뿐만 아니라 전 산업 분야에 광범위하게 적용 가능하다.

우리는 다시 새롭게 자연에 눈에 돌려, 지구 생태계와 인류가 공존할 수 있는 새로운 패러다임의 기술개발을 통해 지속가능한 미래사회로 나아가야 하겠다.

장자크 루소(1712~1778)

제임스 와트(1736~1819)

노벨상의 뒷면에 새겨진 자연과 과학의 여신들의 아름다운 모습이 보여주듯이,
38억 년 동안 진화 발전되어 온 자연 생태계의 신비로움과 조화로움을
하나씩 배워나가고 무한한 자연 생태계의 가치를 효율적으로 활용해 나가면,
인류는 환경보호와 경제 발전을 동시에 추구하는 지속가능한 사회를
만들어 갈 수 있을 것이다.

제 2 장

자연과 과학 그리고
예술

① 자연의 여신과 과학의 여신

우리에게 너무나 익숙한 노벨상에는 세부적으로 평화상, 문학상, 경제학상, 생리의학상 그리고 물리학상과 화학상이 있다. 이중에서 물리학상과 화학상의 수상 여부는 한 나라의 과학기술 수준을 평가하는 척도는 물론이고, 한 나라의 국격을 나타내는 중요한 지표로까지 받아들여지고 있다.

우리나라는 세계경제포럼에서 발표한 국가 경쟁력 순위에서 13위, 수출은 7위를 차지하고 있음에도 불구하고, 안타깝게도 김대중 전 대통령의 노벨 평화상 외에는 아직까지 노벨상 수상자를 배출하지 못하고 있어 과학기술계의 숙원사업이자 숙제로 남겨져 있다.

이처럼 물리학상과 화학상의 수상자에 주어지는 노벨상을 가까이에서 접할 기회가 주어지지 않아서인지 메달 뒷면에 무슨 그림이 새겨져 있는지는 우리에게 잘 알려져 있지 않다. 물리학상과 화학상의 앞면에는 상의 창시자인 노벨의 옆모습이 새겨져 있으며, 뒷면에는 과학의 여신(Scientia)이 자연의 여신(Natura)의 베일을 들추는 모습이 새겨져 있다. 과학이란 베일 속에 쌓인

자연의 신비로운 현상과 원리들을 탐구하고 분석하여 조금씩 밝혀 나간다
는 의미가 담겨있는 것이다.

노벨 과학상 앞면 　　　　　　　　　　노벨 과학상 뒷면

출처: 노벨 재단
The Nobel Prize Medal is a registered trademark of the Nobel Foundation

세계 각계각층 오피니언 리더의 '기적의 18분 강연'으로 널리 알려진 세
계 최대의 지식 공유 컨퍼런스인 TED는 매년 미국 캘리포니아주의 유명한
휴양지인 롱비치에서 개최되고 있다. 1984년에 창설되어 1990년부터 본격
적인 콘퍼런스를 개최해 온 TED는 테크놀로지(Technology), 엔터테인먼트
(Entertainment) 그리고 디자인(Design)의 머리글자로써 첨단기술과 지적 유
희, 예술과 디자인이 하나로 어우러지는 '세상을 바꾸는 아이디어'를 나누는
모임으로 전 세계인에게 확산되어 가고 있다. TEDx는 TED로부터 라이센스
를 얻어 독립적으로 이벤트를 진행하는 행사로써 작은 TED 개념으로 전 세
계 각지에서 개최되고 있으며, 국내에서도 개최되어 우리에게 익숙하다.
　　미국의 생태학자이자 바이오미미크라이(Biomimicry; 생체모방) 협회의 회

장인 재닌 베니어스(Janine Benyus)는 2005년 TED 컨퍼런스에서 자연에 존재하는 다양한 동식물과 자연 생태계를 모사하여 인간생활에 응용하는 자연모사기술/생체모방기술을 소개했다. 베니어스는 뉴저지의 럿거스 대학(Rutgers university)에서 '자연자원경영' 분야 학위를 받았으며, 1997년 발간한 저서인『생체모방(Biomimicry)』에서는 자연을 모델(Model), 척도(Measure) 그리고 조언자(Mentor)로 설명했다. 또한, 그녀는 2009년 7월 영국 옥스퍼드에서 개최된 TED에서 자연으로부터 영감을 얻은 지속가능한 혁신기술에 대해 강연했다.

노벨상의 뒷면에 새겨진 자연과 과학의 여신들의 아름다운 모습이 보여주듯이, 38억 년 동안 진화 발전되어 온 자연 생태계의 신비로움과 조화로움을 하나씩 배워나가고 무한한 자연 생태계의 가치를 효율적으로 활용해 나가면, 인류는 환경보호와 경제 발전을 동시에 추구하는 지속가능한 사회를 만들어 갈 수 있을 것이다.

② 자연의 가치

　빌 클린턴 전 미국 대통령이 '오늘날 세계에서 가장 중요한 책 가운데 하나'라고 추천하여 유명해진 『자연자본주의(Natural Capitalism)』에서는 현재 이용 가능한 기술과 막 떠오르는 신기술을 활용하면, 우리가 환경을 망가뜨리지 않고 오히려 깨끗하게 하면서 더 풍요로워진다는 자연생태모사기술을 강조하고 있다.

　생태학자들이 1997년 「네이처」지 발표한 바에 따르면 자연 생태계가 인류에게 베푸는 서비스의 가치는 연간 36~58조 달러(4~6경 5천조 원)에 이르며, 이는 연간 이자에 불과할 뿐 자연 자본 전체의 가치는 400~500조 달러에 이를 것이라 추산하고 있다. 미국의 우주물리학자 그레그 러플린(Greg Laughlin) 교수는 지구의 가치가 300조 파운드(약 545경 원)에 달한다고 주장한다. 수자원의 공급, 공기 정화, 쓰레기 처리, 홍수 예방 등의 서비스에 해당되는 가치이다.

　반면, 지구와 가까운 화성은 1만 파운드, 금성은 1페니에도 미치지 못한다고 계산했다. 이 금액은 생물이 살 수 있는 환경과 질량을 얼마나 지니고 있느냐에 따라 결정된다.

우리에게 밝은 빛을 보내주는 태양의 가치는 엄청나다. 태양이 1초 동안 방출하는 에너지는 지구의 전 인류가 약 1천만 년 동안 전기에너지로 사용할 수 있는 양이다. 태양이 방출하는 에너지 중 지구에 오는 것은 20억 분의 1에 지나지 않지만, 지구가 받는 그 빛을 전력으로 환산하면 매일 약 19경 2천조 원 이상이 된다는 계산도 있다.

이를 통하여 우리는 생태학자와 우주물리학자가 각각 추산한 지구의 가치가 유사함을 알 수 있다. 즉 자연을 자본으로 보는 시각과 인간이 살 수 있는 환경은 밀접한 연관성이 있음을 미루어 짐작할 수 있다.

자연 자본의 가치를 크게 평가하지 않고 최종 상품에만 관심을 가지는 산업자본주의에 반해, 자연 자본주의는 4가지의 원칙으로 환경 보전과 경제 발전을 동시에 이룰 수 있다고 주장한다. 1)자원의 생산성을 확실히 높이는 것, 2)재료과 에너지를 순환하고 재사용하는 자연 생태계를 모사하는 것, 3)제품이 아닌 고객이 원하는 서비스를 직접 공급함으로써 물질 사용을 줄이는 것, 4)파괴된 지구 환경을 살리기 위해 자연 자본에 재투자하는 것이 그 원칙이다.

미국의 그린 뉴딜 정책, 우리나라의 녹색성장 정책, 자연자본주의, 블루이코노미 등은 지구환경보호와 세계 경제 발전을 위하여 인류가 공통적으로 관심을 가지고 꾸준히 추진해나가야 할 정책과 이념임에 틀림없다. 46억 년의 나이를 지닌 지구를 미래에도 지속가능하게 영속시키기 위해 이 정책과 이념을 한 걸음 한 걸음 실천해나가야 하겠다.

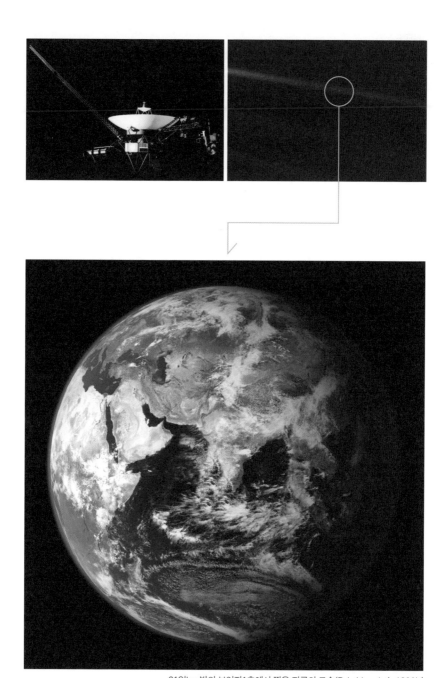

61억km 밖의 보이저1호에서 찍은 지구의 모습(Pale blue dot), 1990년

③ 자연스러움의 비밀

우리말에 '자연스럽다'라는 말이 있다. '꾸밈이나 거짓, 억지가 없어 어색하지 않다'는 사전적인 의미 외에도 '편하다', '느낌이 좋다', '모나지 않다', '친환경적이다'의 뜻으로 쓰이고 있다. 우리는 자연의 어떤 모습, 어떤 특성 때문에 이런 뜻으로 단어를 쓰는 것일까?

자연 그 자체는 우리에게 늘 환경 친화적이고 조화롭고 균형 잡힌 모습을 보여준다. 인간이 인공적으로 만든 어떤 제품과도 달리 자연에는 직선적이지 않고 부드러운 곡선적 특성인 비선형성(Non-linear)과 나뭇가지와 같이 굵은 가지에서 가는 가지로 갈려져 가는 계층적(Hierarchical)인 구조를 지닌 것들이 많이 있다.

청결함과 깨끗함의 상징인 연꽃잎 표면의 구조를 전자현미경으로 확대해 보면 마이크로 크기의 돌기 위에 나노 크기의 돌기가 복합적으로 형성되어 있음을 볼 수 있다. 마이크로나 나노 크기의 돌기만 있는 경우보다 두 가지 크기의 돌기가 복합되어 계층적으로 구성되어 있는 경우가 훨씬 좋은 발수 특성(물을 싫어하는 성질)과 우수한 자기 세정 효과를 보인다.

사람의 귀는 아주 작은 소리나 큰 소리에도 잘 적응하여 들을 수 있다. 그 비밀은 바로 달팽이관 속 유동섬모의 비선형적인 특성에 있다. 유동섬모는 작은 소리에는 민감하게 반응하고 큰 소리에는 둔감하게 반응하는 비선형적인 반응 특성을 가지고 있다. 공학적인 센서가 일반적으로 한 가지의 감도를 가지는데 반해, 우리의 귀는 외부 자극에 대해 비선형적 반응 감도를 보이는 것이다. 이러한 특성을 활용하면 하나의 센서로 넓은 범위의 물리량 측정이 가능한 센서의 개발이 가능하게 된다.

2008년 북경 올림픽 주경기장인 '냐오차오(鳥巢)'는 새 둥지의 모습을 모사하여 지어졌으며, 구조적인 안정성과 경량화는 물론이고 자연스럽고 아름다운 모습으로 많은 인기를 끌었다. 인간이 만든 대부분의 건축물은 직선적이며 계층적이지 않지만, 새 둥지를 들여다보면 계층적인 구조를 가지고 있음을 알 수 있다. 둥지의 바깥 부분은 굵고 딱딱한 재료로 되어 있으며, 안쪽으로 갈수록 점점 가늘고 부드러운 재료로 만들어져 새끼의 양육을 위한 보금자리로써 좋은 환경이다.

북경 올림픽 주 경기장 '냐오차오'

다양한 강에서 발견할 수 있는 꼬불꼬불한 모습도 비선형적인 특징을 보여준다. 작은 지류가 합쳐져서 큰 강을 이루는 모습은 마치 계층적 구조와 같다. 특히, 강의 형태가 비선형적이기 때문에 강물의 흐름이 빨라졌다 느려졌다 하면서 다양한 생물이 서식할 수 있는 생태계를 제공해준다.

인간의 공학적인 기술은 선형적이고 단순한 구조에 익숙하다. 그러나 자연에서는 비선형성과 계층적 구조를 효율적이고 자연스럽게 잘 이루어 내고 있다. 자연의 비선형적이고 계층적인 구조를 잘 이해하고 자연스러움을 구현한다면, 인간이 추구하는 모든 기술의 효율성을 극대화하고 아름다움도 달성할 수 있을 것이다.

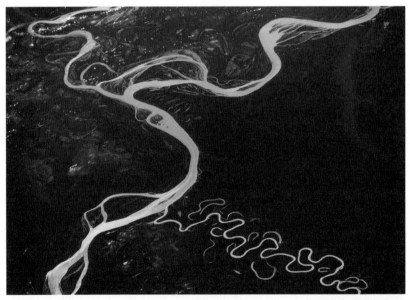

비선형적인 아마존강의 모습
©2018, Alexander Gerst

4 생물의 다양성과 생물자원의 가치

　매년 5월 22일은 유엔이 정한 '생물 다양성의 날'이다. 유엔은 인간이 자연과 조화를 이루는 지속가능한 사회를 만들고, 위험에 직면한 생물의 다양성을 보전하기 위하여 2011년부터 2020년까지 10년 동안을 생물 다양성의 기간으로 정했다. 인간의 삶에 미치는 생물 다양성의 중요성에 대한 인식을 높여 생물 다양성의 손실 속도를 늦추고 생물 다양성 보전 우수 사례를 공유하고자 노력하고 있다.

　「생물 유전 자원의 접근과 이익 공유에 관한 나고야 의정서」에 의하면 이제는 풀 한 포기조차 국가 경쟁력을 좌우할 수 있는 시대가 되었으며, 세계 각국은 생물자원을 확보하기 위하여 국제 규범 내에서 치열하게 경쟁하고 있다고 지적한다. 우리나라 역시 생물자원에 대한 주권을 확립하고 생물자원을 체계적으로 보전하기 위해 많은 노력을 기울이고 있다.

　자연에 서식하는 동물의 종수는 약 150만 종, 식물은 약 50만 종 이상으로 알려져 있으며, 아직 밝혀지지 않은 종까지 고려하면 수천만에 이를 것으로 추산되고 있다. 또한 지난 30년 동안 평균적으로 20분마다 한 종씩, 해마다 2만 6천여 종이 멸종하는 것으로 알려져 있다. 생물 종의 감소는 인류의 산업화와 지나친 자연 자원의 남용, 그리고 이에 따른 급격한 기후변화에 그 원인이 있는 것으로 분석되고 있다.

대전 연구단지에 소재한 한 벤처기업은 한국산 무당거미에서 추출한 단백질 소화 효소인 '아라자임'을 대량 생산하는 기술로 사업화에 성공했다. 이 회사에서 생산하고 있는 아라자임을 이용한 자연 친화적 제품은 탁월한 효능을 보유하고 있어 미국, 일본 등 세계 여러 나라에서 큰 주목을 받고 있다. 만약 국내의 무당거미가 이미 멸종되어 사라졌다면 아라자임이라는 효소와 이를 이용한 제품은 세상에 나오지 못했을 것이다.

한 때 남해안 인근에서 양식되고 있는 홍합이 제대로 성장하지 못하고 폐사하는 사례가 일부 보고되었다. 정확한 원인은 아직 밝혀지지 않았으나, 환경오염과 수온 상승 등의 요인으로 홍합이 양식장 틀에 잘 부착되지 못하고 떨어지는 것으로 조사되었다. 홍합은 실 모양의 '족사(Byssus)'라는 접착단백질을 이용하여 바위 등에 단단히 부착한다. 족사의 단백질은 '도파'라는 아미노산으로 이루어져 있다. 국내 한 연구진은 물속에서도 뛰어난 접착성을 보이는 도파 아미노산을 연구하여 실체를 밝혀내어 다양한 천연 접착제 성분으로 개발해 사용하고 있다. 특히 조직 독성이 없으며 감염의 우려도 적고 질기고 탄성이 뛰어난 특성으로 인해 의료용 접착제로의 활용이 기대되고 있다.

크기가 1mm 정도밖에 안 되며 물곰(Water bear)이라는 별명을 지닌 완보동물 또한 과학자들의 꾸준한 관심을 받고 있다. 완보동물은 주로 물속이나 수분이 많은 축축한 곳에 서식하지만, 물 공급이 끊기면 모든 생명 활동이 중단된 완벽한 휴면 상태인 '건면'에 들어간다. 건면 상태의 완보동물은 자기가 지닌 물을 모조리 배출하고 세포의 지방을 '트레할로스(Trehalose)'라는 당으로 변환하며, 이 당은 모든 필수 장기를 둘러싸고 보호한다. 휴면 상태의 완보동물은 영하 272℃로 냉각해도 죽지 않으며, 151℃로 가열해도 죽지 않는다. 또한, 인간에게 치명적인 수준의 방사능보다 1천 배 강한 방사능에 노출시켜도 죽지 않으며, 6천 기압의 고압에서도 죽지 않는다. 이러한 완보동물에 대한 연구는 생명현상 규명은 물론이고 고기능 소재 개발, 식품 보관 기술 등에 큰 영향을 끼칠 것으로 예상된다.

신기한 생명력을 지닌 완보동물(Water bear)
Schokraie E, Warnken U, Hotz-Wagenblatt A, Grohme MA, Hengherr S, et al. (2012)
Comparative proteome analysis of Milnesium tardigradum in early embryonic state versus
adults in active and anhydrobiotic state.
PLoS ONE 7(9): e45682. doi:10.1371/journal.pone.0045682

이상 몇 가지 사례에서 보았듯이 우리 주변의 하찮아 보이는 생물조차도 인간 생활에 필요한 다양한 기능과 정보를 제공해준다. 생물로부터 보고 배워 인간 생활에 활용하는 생체모방/자연모사기술은 다양한 생물자원을 바탕으로 더욱 발전할 수 있을 것이다. 하나의 종이 사라진다는 의미는 다시는 돌이킬 수 없는 소중한 정보 자원을 잃는 것과 같다. 생물의 다양성을 보전하고 발전시킴으로써 생물자원의 가치를 새롭게 인식시키고, 이에 대한 중요성을 공유하여야 한다.

'생물다양성의 날' 포스터
©환경부 국립생물자원관

⑤ 생체모방에서 자연모사로

터키 이스탄불은 지리적으로 보스포러스 해협을 사이에 두고 동서양이 공존하는 지점에 위치하고 있으며, 인구 1,400만 명과 수많은 관광객이 북적이는 역사적, 종교적으로 다양함이 돋보이는 국제도시이다. 1985년에 세계문화유산으로 지정되었으며, 2010년에는 유럽의 문화 수도로도 지정된 명실상부 동서양 문화의 꽃으로 불리는 도시이다.

몇 년 전 터키의 이스탄불에서 자연모사/생체모방 연구계의 뜻있는 국제회의가 개최되었다. '자연으로부터의 시너지와 배움(Synergy with and Learning from Nature)'이라는 주제를 가지고 전 세계의 석학들이 한 자리에 모여 2박 3일간 심도 있는 회의를 진행했다. 행사는 미국과학재단과 유럽과학재단이 공동주관하고, 터키의 빌켄트 대학(Bilkent university)과 투비탁 연구소(TÜBİTAK)가 후원했다.

이 회의에서 세계 주요 국가의 연구비지원기관 관계자와 연구자들은 글로벌 이슈에 대처하기 위해 자연모사/생체모방 분야에서 향후 추진해야 할

이스탄불의 보스포러스 해협

연구 방향의 로드맵을 도출했다. 행사 첫날에는 4가지 주제(에너지, 혁신설계, 건강, 소재)에 대한 세계적 석학들의 기조 강연이 있었으며, 이날 오후부터 토요일까지 4개 분과에서 심도 있는 논의가 지속되었다.

독일 보훔 대학(Ruth-Universitat Böchum)의 마티아스 뢰그너(Matthias Rögner) 교수는 에너지 분야에서 자연을 모사한 에너지 변환, 효율, 저장, 수확 등에 대한 기술을 소개했으며, 인류과학기술의 오랜 관심 분야인 인공광합성에 대한 각국의 기술개발 동향도 소개했다. 미국 UCLA 대학의 피터 나린스(Peter Narins) 교수는 생체모사 설계, 혁신 및 아키텍처, 곤충, 물고기, 조류모사 로봇 등에 관한 최근 이슈를 소개했다. 취리히 ETH의 포겔 박사(Viola Vogel)는 건강 분야에 대해서 아직까지도 명확히 밝혀지지 않은 단위세포로부터 조직 및 장기로 성장해나가는 세포의 분화 성장 및 자기 조립화 과정과 세포역학, 생체조직의 열역학 및 뇌 시뮬레이션에 대한 연구 현황을 소개했다. 영국 레딩 대학(University of Reading)의 조지 예로니미디스(George Jeronimidis) 교수는 생물체가 지닌 다양한 감각기관과 자기적응(자기세정/자기복구/자기조립 등)소재 응용기술에 대해 발표했다.

필자는 여기서 센싱과 소재 분과 워킹 그룹에 속하여 건강, 에너지, 물, 지속가능성 등의 글로벌 이슈에 대응하는 최신 기술현황을 논의했으며, 나뭇잎의 자극과 반응 현상으로부터 영감을 얻은 자기치유기술, 연잎 표면의 초발수 특성, 상어 피부 표면의 유체 마찰 저항 감소 및 오염방지(Anti-fouling) 기술, 거미줄과 물고기 비늘의 탁월한 기계적 특성, 파리지옥 식충식물 등의 자기변형 현상, 동물의 뼈/이빨/뿔 등의 고강도 계층적 경사기능 소재의 자기조립 과정 등의 기술이 소개되었다. 국내에서도 최근 탄소섬유로 만든 파리지옥로봇을 선보인 바 있으며, 게코도마뱀의 접착 특성을 모사한 첨단 접착테이프가 개발된 바 있다.

워크샵 마지막 날에는 각 분과에서 도출된 다양한 의견들을 통합 정리하는 시간을 가졌으며, 국제협력 방안과 범세계적인 규모의 차기 워크샵 또는 학술대회의 제목을 정하는 시간을 가졌다. 다양한 의견들이 제안되었으나 '더 나은 생활을 위한 자연모사 과학 및 공학(Nature-inspired Science and Engineering for Better life)'이라는 제목으로 최종 결정되었다. 그간 '생체모방공학'이라는 용어보다는 좀 더 폭넓은 개념의 '자연모사공학'이라는 용어 사용을 주장해 온 필자로서는 뿌듯함과 함께 자부심을 가질 수 있었다.

지구상의 모든 자연은 자체가 친환경적이고 지속가능성을 지니고 있다. 이러한 자연의 섭리와 가치를 깨닫고 배우며, 또한 자연과의 공존과 조화를 통하여 보다 나은 인류 사회를 만들어가기 위한 더 많은 관심과 노력을 기울여야 하겠다.

⑥ 한글의 보편성

몇 해 전, 한글 창제 과정을 소재로 한 TV 드라마가 방영되어 많은 국민의 관심을 받았다. 이 드라마로 인해 한글 창제 당시의 시대 상황과 더불어 한글 반포의 어려움을 이해할 수 있었다. 수천 년간 사용해 온 한자를 극복하고 새롭게 창제된 한글의 보편성을 높이기 위하여 세종대왕은 오랫동안 깊은 고뇌를 했던 것으로 알려져 있다. 1443년 창제되어 1446년에 반포된 한글은 우리나라의 국보 70호이며, 유네스코 세계기록유산으로 등재되어 있다(1997년). 하지만 한글의 창제 원리는 『훈민정음 해례본』이 발견된 1940년 이후에야 비로소 밝혀졌다.

중요한 것은 세종대왕이 문자의 보편성을 확보하기 위해 오늘날 우리에게 익숙한 자연모사기술을 적용했다는 사실이다. 즉, 한글의 닿소리(자음)는 발음 시 사람의 발음기관과 혀, 입술, 이 모양을 모방한 'ㄱ, ㄴ, ㅅ, ㅇ, ㅁ'을 기본으로 하여 그 나머지 자음을 만들어 냈으며, 홀소리(모음)는 좀 더 심오한 자연의 이치와 철학적 사고에 바탕을 두어 하늘과 땅 그리고 사람 즉, 천지인을 표현하는 '·', '―', 'ㅣ'의 기호를 이용하여 만들어졌다.

우리의 한글은 세상에 존재하는 어떠한 소리도 문자로 나타낼 수 있는 표음문자이다. 창제 당시의 한글은 표현하지 못하는 소리가 없었으며, 초성을 두 개 이상 사용하는 병서와 연서의 원칙으로 발음 구분이 어려운 L과 R, B와 V, P와 F 등도 잘 구분할 수 있었다. L은 ㄹ, R은 ㄹㄹ 또는 ㅇㄹ,

세종대왕(1397~1450) 동상
©2009, Republic of Korea

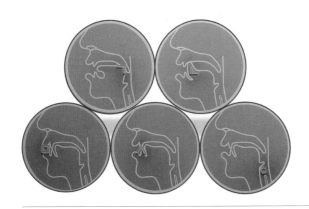

한글의 자음 형상

B는 ㅂ, V는 ㅸ, P는 ㅍ, F는 ㆄ 등으로 표현한 것이다. 이 원칙에 의하면 발음이 어려운 세계 어느 나라의 언어도 대부분 한글로 쓰고 표현할 수 있다. 일제 강점기에 강제로 시행된 언문철자법으로 인하여 이러한 원칙이 사라지게 되어 아쉽지만, 언젠가는 이러한 원칙이 다시 복원되어 우리 한글의 발음이 더욱 다양해지리라 믿는다.

한글의 과학적인 우수성과 보편성은 휴대폰과 스마트폰이 일상화된 현대의 정보화 시대에 와서 그 빛을 더욱 발하고 있다. 중국의 한자나 일본의 가나는 발음대로 알파벳을 친 후 음 변환 과정을 거쳐야 문자로 입력할 수 있으며, 영어의 알파벳도 28자나 되어 적은 수의 자판에서 글자를 입력하기가 번거롭고 불편하다. 우리와 같이 손쉽게 문자를 입력하고 빠르게 정보를 주고받을 수 있는 나라는 아마 세계 어디에서도 찾아 볼 수 없을 것이며, 세계 최고의 정보통신기술을 선도하는 바탕에는 자연을 모사해 과학적인 원리로 만들어진 한글 사용의 편리성과 보편성이 깔려있다고 할 수 있다.

흔히, 우리나라의 르네상스 시대는 한글 창제와 더불어 측우기, 앙부일구, 자격루, 혼천의 등 과학기술 분야에서도 눈부신 발전을 이뤄낸 세종대왕 시대로 알려져 있으며, 서양에서는 다방면으로 천재적인 소양을 보인 레오나르도 다빈치(1452~1519)가 활동한 시기를 르네상스 시대라고 부른다. 다빈치 시대보다

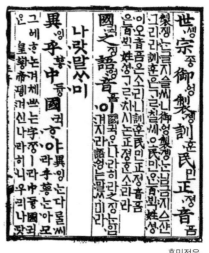

훈민정음

국립한글박물관 전경(서울시 용산구)

50여 년 앞서 태어난 세종대왕은 1450년 서거 전까지 모든 분야에 걸쳐 찬란한 업적을 남겨 우리나라의 르네상스 시대를 서양에 반백 년 앞서 이루어 냈다.

　우리 국민 모두는 우리나라의 대표적인 문화유산으로 한글을 손꼽음에 주저하지 않는다. 많이 늦은 감이 있지만 2014년에 이르러 국립한글박물관이 개관하게 되었으며, 한글을 주제로 하는 테마 공원도 최근 여러 도시에 만들어져 한글의 우수성을 널리 알리고 있다. 수년 전 한글의 탄생 과정과 과학적인 원리 등을 소개하는 서적이 다름 아닌 일본 학자에 의해 국내에 발간된 사실은 안타깝지만, 정보화 시대에 한글에 대한 사랑이 더욱 높아져 우리의 소중한 문화유산이 더욱 계승 발전될 것으로 확신한다. 예부터 자연에 순응하며 자연과 어울려 살아온 만큼, 자연의 이치에서 보편성을 확보한 한글의 우수성은 새로운 미래를 선도해 나갈 것으로 기대된다.

7 예술과 과학의 만남 - 아티언스와 아르스

　아티언스란 '예술(Art)'과 '과학(Science)'의 합성어로써, 창조적 마인드의 과학자와 실험적인 예술가들이 참여하는 융복합 프로젝트를 말한다. 2011년 대전문화재단이 처음 시작했으며, 관객이 함께 참여한다는 의미의 청중(Audience)까지 포함된 복합적인 의미를 더해 다양한 작품을 선보이고 있어 해를 거듭할수록 많은 사람의 관심을 받고 있다.

　예술을 뜻하는 아트(Art)는 라틴어 '아르스(Ars)'에서 유래했으며, 아르스는 그리스어 '테크네(Techne)'로부터 유래되었다. 테크네는 영어 테크닉스(Technics)의 어원으로써 예술과 기술이 따로 떨어져 있지 않고, 서로 어우러져 있었음을 알 수 있다. 중세시대 이전까지는 시나 음악처럼 인간 감정에 직접 호소하는 인문학적 테크네와 회화와 조각 같이 장인적인 테크네로 구분되어 왔으나, 르네상스 시대에는 두 가지가 통합되는 경향을 보여왔다. 이후 18세기 중엽에는 오늘날의 예술로 간주되는 파인아트의 개념이 정립되었다.

ARTIENCE DAEJEON

ART
+
SCIENCE

Artience = Art+Science
아티언스 = 아트 + 사이언스

"과학과 예술의 만남!"

예술가들이 연구원에 거주하면서
연구자들과 어울려 예술작품을 구상하여 제작합니다.
한국기계연구원은 출연연 최초로 2013년부터
매년 「아티언스 대전」에 참여하고 있습니다.
2013년 원내 단독 전시관을 개설하였으며,
매년 대전문화재단과의 연계 전시회를 통해 여러분과
소중한 성과를 나누고 있습니다.

2013

솔방울 제습기
(이미지 및 결과물 전시, 기계연 홍보관)
• 예술가 : 박형준
• KIMM 협업 연구자 : 김완두

톱니바퀴
(인터랙션 설치미술, 작가소장)
• 예술가 : 한승구
• KIMM 협업 연구자 : 김완두

2014

로봇 프로젝션매핑 테스트
(미디어 아트, 작가소장)
• 예술가 : 문준용
• KIMM 협업 연구자 : 경진호

냉동인간
(영상파일, 작가소장)
• 예술가 : 안성석
• KIMM 협업 연구자 : 박성제

Old Army
(시나리오, 작가소장)
• 예술가 : 김대현
• KIMM 협업 연구자 : 박성제

EndlessCurrent
(미디어 아트, 작가소장)
• 예술가 : Graham Wakefield & Jiharu
• KIMM 협업 연구자 : 박성제

한국기계연구원의 아티언스

독일 린츠시의 '아르스 일렉트로니카' 박물관
©2010, Andreas Praefcke

　오스트리아의 수도 빈과 잘츠부르크 사이에 자리 잡고 있는 린츠(Linz)시는 히틀러가 유년시절을 보낸 곳으로 잘 알려져 있다. 이 도시에는 1979년에 설립된 '아르스 일렉트로니카(ARS Electronica)'라는 박물관이 있어 많은 사람의 발길을 끌고 있다. 이름에서부터 알 수 있듯이 예술과 과학기술이 융합된 많은 작품이 전시되어 있으며, 관객이 다양한 체험을 할 수 있는 프로그램이 구성되어 있다. 이 박물관은 우리나라의 아티언스와 같은 프로젝트를 이미 40여 년 전부터 시도해오고 있으며, 예술과 과학이 만나는 다양한 축제와 경진대회를 개최하고 미래의 박물관 문화를 선도해나가고 있다.

　국내의 아티언스나 오스트리아의 아르스 일렉트로니카와 같은 예술과 과학기술이 융합하는 프로젝트에 더욱 큰 관심과 투자가 있다면 예술작품에 과학적 깊이와 다양성을 높이고, 과학기술에 예술적 감성을 더하여 미래성장동력을 창출하고 경제 혁신에 기여할 수 있을 것이다.

19세기 프랑스의 유명한 내과의사인 아만드 트루소(Armand Trousseau, 1801~1867)는 "가장 최악의 과학자는 예술을 모르는 사람이고, 가장 최악의 예술가는 과학을 모르는 사람이다"라고 말했다. 과학기술과 예술은 서로 차별화되는 속성을 가지지만, 뿌리가 같은 만큼 다양한 공통의 속성을 지니고 있다. 과학기술은 편리성을 높이는 수단을 넘어서 인간의 감성적 욕구까지 충족시키기 위해 예술의 관점을 도입할 필요성이 높아졌으며, 예술은 표현 영역을 넓히고 새로운 시도를 하기 위해 첨단 과학기술이 필요해지고 있다.

과학기술 속에 예술, 예술 속에 과학기술이 존재함을 깨닫고 과학자와 예술가들이 만나 긴밀하게 소통하여 창의적이고 창조적인 활동을 활성화한다면, 융합기술의 지평을 넓히며 새로운 부가가치가 창출되어 새로운 일자리도 많이 만들 수 있을 것이다.

⑧ 아티언스의 선구자, 레오나르도 다빈치

최근의 융합기술의 화두는 나노, 바이오, 정보, 환경, 인지과학기술 간의 융합을 뛰어넘어 인문사회 또는 예술과 과학기술 간의 융합으로 발전되어 가고 있다. 국내에서도 예술과 과학이 융합된 아티언스(Art+Science=Artience)라는 새로운 개념이 도입된 이후 젊은 예술가들이 중심이 되어 활발한 작품 활동을 하고 있다.

이탈리아 피렌체는 15세기 르네상스 시대의 중심지로써 큰 권력을 소유한 성주들의 후원으로 많은 예술가와 과학자들이 활동하던 곳이다. 미켈란젤로, 라파엘로, 레오나르도 다빈치는 그 당시에 활동했던 천재적인 예술가로서 그 명성은 당대를 뛰어 넘어 오늘날까지 이어지고 있다. 이들 중에서도 레오나르도 다빈치는 미술가, 과학자, 공학자이며 사상가로서도 인간생활의 모든 분야에 큰 업적을 남긴 천재적인 예술가이자 과학자로 알려져 있다.

다빈치는 1452년 이탈리아 피렌체 서쪽의 작은 비치 마을에서 사생아로 태어나 제대로 된 정식 교육을 받을 형편이 못되어 어려서부터 공방에서 도

레오나르도 다빈치(1452~1519)

제살이를 해왔다. 다빈치가 정형화된 정규 교육을 받지 않아서 오히려 다방면에 천부적인 소양을 보이고 뛰어난 예술적 감각을 가질 수 있었을 것이라는 분석도 있을 만큼 어려서부터 예술과 과학의 접목에 뛰어난 소질을 보였다. 다빈치의 과학기술에 대한 수많은 기록은 7천여 쪽에 달하는 '코덱스(Codex Leicester)'라고 하는 수기노트에 고스란히 남아있으며, 여기에는 현대인도 경탄할 만한 과학적 분석 자료와 창의적인 발명품이 가득 차 있다. 인간의 근육, 뼈의 구조 등 해부학적 지식은 물론이고, 자연의 동식물과 물의 흐름 등 자연 현상에 대해서도 면밀한 관찰력과 통찰력을 보여주고 있으며, 인체의 아름다움과 비율을 대우주와 소우주 개념에 견주어 비교하기도 했다.

그리스의 이카루스 신화에서 시작된 하늘을 날고자 하는 인간의 꿈도 다빈치에 의해 여러 가지 기구로 실현되었다. 특히, 현대의 헬리콥터 프로펠러의 원형이 된 '공기나사(Air screw)'와 박쥐 날개를 모사한 글라이더 비행체 그리고 지금의 행글라이더와 모양이 똑같은 비행체 등이 다빈치에 의해 스케치되고 설계되었다.

다빈치의 시대는 이웃 국가와의 전쟁이 빈번했던 상황으로 수력학, 기하학, 역학 등을 응용한 혁신적인 신무기 체계를 발명하기도 했다. 통나무를 엇갈리게 끼워 고정한 세계 최초의 이동식 교량인 아치교, 거북이 등껍질과 같은 외피로 군사를 보호하고 전 방향 대포가 설치된 현대 전차의 원형인 중무장 전차, 수중으로 적의 전함 가까이 은밀히 침투하여 전함을 침몰시키는 데 사용되는 수중 잠수복, 전갈의 독침을 모사한 무서운 칼날이 달린 선

헬리콥터 프로펠러의 원형이 된 '공기나사' 스케치

박 등이 발명됐다.

　다빈치는 자동 조작되는 장치에도 관심이 많아서 여러 종류의 로봇을 설계하기도 했다. 인체 해부학에도 조예가 깊어서 몸을 움직이기 위해 신경, 근육, 힘줄, 뼈 등이 어떻게 작동하는지를 그림으로 정교하게 표현했으며, 다양한 기계 모형의 모델로 삼아 인간형(Humanoid) 로봇을 연상케 하는 설계도도 남겼다. 최근 의료용 로봇으로 각광받고 있는 '다빈치 로봇'이 우연히 붙여진 이름이 아님을 알 수 있다. 로봇을 다루는 사람에게 가장 중요한 기계요소 부품이 뭔지 묻는다면 베어링과 치차를 손꼽는 데 주저하지 않을 것이다. 다빈치는 현대에 사용되고 있는 베어링, 치차와 완벽히 똑같은 모형을 오백여 년 전에 이미 스케치로 남긴 바 있다.

　다빈치의 과학적 사고와 기발한 발명품과 예술 작품은 여전히 인류에게 크나큰 영감을 주고 있으며, 수많은 영향을 미치고 있다. 이런 다빈치의 자연과 과학에 대한 생각을 함축적으로 표현한 문장이 있다. "자연은 모든 것이 과학적이다(과학적이지 않은 것이 아무 것도 없다; Nothing can be found in nature that is not a science)." 다빈치는 생체모방/자연모사기술에 대한 수많은 자료와 업적을 남겼으며, 스스로 예술과 과학을 접목시키는 데 많은 노력을 기울인 진정한 융합 연구자이자 당대 시대 아티언스의 선구자라고 할 수 있다.

⑨ 자연모사기술과 자동차

우리 삶에 빼놓을 수 없는 자동차에도 여러 가지 다양한 자연모사기술이 적용되어 있다.

연잎 표면은 물에 젖지 않고 물방울이 잘 굴러다닌다. 이러한 특성을 초발수성이라 하며, 표면이 항상 깨끗한 상태를 유지하는 자기세정효과가 있다. 여기에 힌트를 얻어 자동차 몸체 표면과 사이드미러 등에 연잎이 지닌 초발수성을 부여하는 코팅제가 개발되어 비가 오면 표면의 먼지 등 이물질을 깨끗하게 씻어내는 효과를 보고 있으나, 친환경성이나 지속성 등에서 아직까지는 적용에 한계가 있다.

최근 유리 표면에 수백 나노 크기의 돌기를 가공하여 초발수 또는 초친수 특성을 낼 수 있는 공정기술이 개발되었으며, 이를 자동차 유리에 적용하게 되면 친환경성과 주행 안전성을 크게 향상시킬 수 있을 것이라 기대되고 있다.

자동차의 연비를 향상시키기 위한 노력의 하나인 낮은 형상 저항은 설계자들의 영원한 꿈이다. 기존 승용차의 항력계수가 0.25~0.3 정도인 것에 반해, 벤츠 자동차에서 시도한 거북복의 형상을 본뜬 콘셉트카는 형상계수가 0.19로써 에너지 효율을 20% 이상 증가시킬 수 있는 잘 알려진 자연모사기술의 사례이다.

청개구리의 발바닥에는 육각형 모양의 규칙적인 홈이 파여져 있어서 물기가 있는 축축한 곳에서도 미끄러지지 않고 잘 뛰어 오를 수 있다. 메뚜기나 사마귀 등의 곤충 발바닥에서도 유사한 형태의 홈을 볼 수 있으며, 물기가 있을 때나 없을 때나 마찰계수에 큰 차이가 없도록 하는 비밀이 숨어 있다. 자동차 트레드에도 이러한 홈이 있음으로써 젖은 곳에서도 미끄러지지 않고 안전하게 운행할 수 있는 것이다. 최근에는 표면에 미세 패턴을 부가하여 마찰 저항을 최소화하려는 연구도 많이 시도되고 있다.

인류가 원하는 궁극적인 자동차의 미래기술로 획기적인 연비 향상과 무인운전시스템을 손꼽는 데 누구도 주저하지 않을 것이다. 연비 향상을 위하여 초경량 소재의 개발과 마찰 저감 기술이 요구되고 있으며, 자연에 존재하는 다양한 경량 소재의 특성을 적용하려는 연구개발이 지속되고 있다. 무인운전을 위해서는 인간의 시각, 청각, 후각, 촉각 등의 감지시스템과 판단력·인지력 등의 능력을 모사한 최적화 기술을 자동차에 접목시키고자 노력하고 있다. 이렇듯 자연모사기술은 자동차의 연비 개선과 안전성 향상은 물론이고, 인간의 삶을 더욱 편리하게 만들어주며, 인간과 자동차를 가깝게 해줄 수 있는 기술로 큰 관심을 끌고 있다.

최근 자율주행자동차에 대한 관심이 부쩍 높아지고 있다. 최초의 자율주행자동차 모델이 된 것은 1980년대에 큰 인기를 끌었던 미국드라마 '전격 Z 작전'에 등장한 키트카이다. 드라마 속 주인공의 명령에 따라 홀로 자유자재

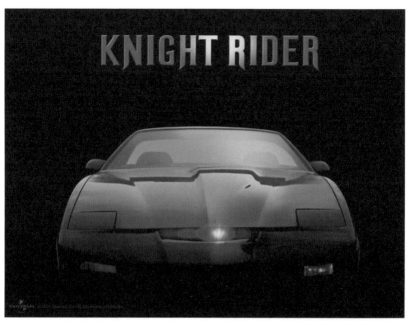

1980년대 TV 드라마에 출연한 자율주행자동차
©2006, Maurina Rara

구글에서 개발한 최초의 자율주행자동차
©2015, Michael Shick

로 운행하던 최첨단 자동차가 이제는 현실이 되어 실제로 도로를 주행하기에 이르렀다.

　자율주행자동차는 사람이 운전하는 여러 기능적 조작과 판단력 등을 모사한 각종 센서, 구동기 그리고 논리적 회로 등을 이용하여 보다 안전하게 운행하는 자동차 기술의 집합체이다. 이러한 자율주행자동차야말로 자연모사기술의 집합체라고 할 수 있다. 자율 운행에 따른 기술적인 문제는 대부분 완성되었다고는 하나, 돌발 상황에 대한 대처 능력과 도덕적/윤리적 문제는 아직 논쟁의 여지를 남기고 있다.

⑩ 자연의 비밀로 에너지 효율을 높이다

　인류가 당면하고 있는 에너지 문제를 해결하기 위한 친환경 신재생에너지기술개발은 세계 각국의 관심을 받고 있으며, 이중에서도 태양광과 태양열을 이용한 기술이 가장 큰 비중을 차지하고 있다. 잠재적인 태양에너지의 양은 1년에 12만TW로 추정한다. 한 시간 동안 태양으로부터 지구에 전달되는 복사에너지는 인류가 1년 동안 사용하는 전체 에너지양과 맞먹는 14TW에 달한다. 자연모사기술을 이용하여 에너지 효율을 높이는 기술은 신재생에너지기술과 밀접한 관계가 있다.

　자연모사기술을 이용하여 에너지 효율을 높이는 사례는 꾸준히 보고되고 있다. 이 중에는 이미 구현된 기술도 있고, 현재도 많은 연구자들에 의해 진행되고 있는 기술도 있다. 대표적으로는 흰개미집의 통풍 원리를 빌딩의 환기시스템에 적용하여 획기적으로 에너지를 절감한 사례, 혹등고래 지느러미의 불규칙한 돌기를 풍력발전 터빈 블레이드 설계에 응용하여 효율을 높인 사례, 물총새의 부리 모양을 고속 열차의 선두부 형상에 적용하여 운전효

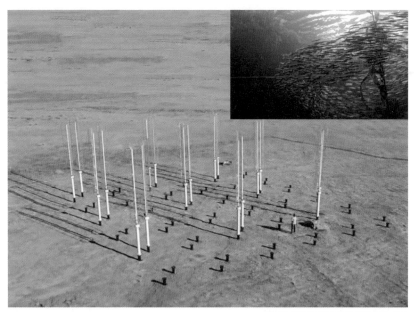

물고기 떼 이동을 모사한 풍력 발전 단지
출처: dabiri lab 유튜브(https://youtu.be/cZu-4Plk_5A)

율을 높인 사례, 상어 피부 표면을 모사하여 물의 저항을 줄여준 사례 등이 널리 알려져 있다.

미국 칼텍(CalTech: 캘리포니아 공과대학)의 연구진은 물고기가 떼를 지어 이동하는 원리를 밝혀 풍력 발전 단지 배치에 응용했다. 물고기 떼는 와류가 발생되는 일정한 패턴으로 우두머리 물고기의 뒤를 따라 움직임으로써, 적은 에너지로 최적의 추진력을 얻는다. 이런 물고기의 이동 경로를 수식화하여 최적의 조합을 얻어 풍력 발전기의 배치에 적용하여 10배 이상으로 효율을 올릴 수 있을 것이라 기대하고 있다.

반사경을 이용한 태양열 발전 시스템에도 자연의 원리를 이용한 기술이 응용되고 있다. 해바라기 꽃에는 신비한 수학적 원리가 숨어 있다. 해바라기

스페인 안달루시아 지역에 설치된 20 MW 급 CSP 시스템
Takashi kurita / Alvaro C.E.? / Wikimedia Commons

꽃의 바깥쪽 꽃잎이 아닌 안쪽의 작은 꽃봉오리의 배열은 정확히 '페르마 나선' 모양에 따르고 있으며, 각 꽃은 서로 소위 '황금각'이라고 불리는 137.5도를 유지하고 있다. 집중태양발전시스템(CSP 시스템; concentrated solar power system)에 사용되는 햇빛반사장치(Heliostat)는 배치 면적을 최소화하고 에너지 효율을 극대화하기 위하여 나선형 모양의 배치를 이용하고 있다. 독일 아헨 공대(RWTH Aachen University)와 미국 MIT(매사추세츠 공대)의 공동연구진은 컴퓨터시뮬레이션을 통해 기존의 원형 모양의 배열을 페르마 나선 모양의 배열로 바꿈으로써 CSP의 효율을 향상시켰다.

　나방과 나비의 눈은 규칙적인 미세 구조를 가져 빛을 반사하지 않고 흡수하는 특성이 있다. 이를 반사방지필름에 적용하여 밝기를 향상시켜 디스플레이의 에너지 효율을 높이는 제품이 개발된 바 있다. 최근 중국 연구자들은 나비로부터 영감을 얻어 에너지 효율을 높일 수 있는 기술을 발표했다. 나비의 날개는 아주 작고 길쭉한 사각형의 비늘이 촘촘히 적층되어 있어서 태양열을 잘 받아들이고, 또 열을 잘 보유하는 특성을 지니고 있어 이 구조를 에너지 장치에 적용하여 효율을 높일 수 있을 것으로 기대하고 있다.

아름다운 빛깔을 띠는 '몰포나비(Menelaus blue morpho)'는 색소에 의한 것이 아니고 나노 크기의 규칙적인격자구조(광결정; Photonic crystal)에 의해 특정 색상이 발현되는 것으로 알려져 있다. 이를 구조색(Structural color)이라 부르며, 이를 이용한 반사형 디스플레이 원천기술이 국내 연구진에 의해 개발되었다.

몰포나비가 다양한 각도에서 똑같은 빛깔을 띠는 것은 날개의 독특한 구조 때문이다. 마이크로미터 수준에서는 규칙적인 구조를 보이지만, 나노미터 수준에서는 무질서한 구조를 가진다. 연구진은 수백 나노미터 크기의 유리구슬을 임의로 배열하여 무질서함을 구현했고, 반도체 증착방법을 이용하여 넓은 면적의 몰포나비 구조를 만드는 데 성공했다.

미국은 2050년까지 국가 전체 전기에너지의 69%, 2100년까지 100%를 태양광/태양열 에너지로 달성하려는 야심찬 계획을 진행하고 있다. 이를 위해서 태양광/태양열 발전 효율 향상을 위한 많은 투자와 노력을 아끼지 않고 있다. 지구에 존재하는 생명체들은 수십억 년에 걸쳐 에너지를 가장 효율적으로 이용하는 방향으로 진화 발전해왔다. 자연 속에 있는 효율적인 에너지 이용 방법에서 영감을 얻어 에너지 효율을 향상시켜 인류의 지속가능성을 높일 수 있으리라 기대한다.

자연모사기술(Nature-Inspired)이란
자연의 생태계와 자연 현상 그리고 살아있는 생명체 등의 기본 구조, 원리 및
메커니즘을 모사(Mimetics)하여 공학적으로 응용하는 기술을 말한다.
자연모사기술이라는 용어는 일반적으로 살아있는 생명체를 대상으로 하는
생체모방공학(Biomimetics, Biomimicry)이라는 용어로 알려진 개념에서
한 단계 진보하여, 무생물까지도 포함한 자연으로부터 영감을 얻어
인간의 삶을 보다 편리하고 풍요롭게 만들어 주기 위한 융합기술이라고 할 수 있다.

제 3 장

자연에서 배운 기술,
자연모사기술

① 자연과 자연 생태계

자연이라는 단어의 어원은 BC 4세기경 노자가 쓴 책으로 알려진 『도덕경』이다. 여기에 등장하는 '천지임자연(天地任自然: 하늘과 땅이 곧 자연이다)'에서 유래했으며, 이때 자연은 '스스로 그러하다'라는 뜻을 가지고 있다.

표준국어대사전에서는 자연을 '사람의 힘이 더해지지 않고 세상에 스스로 존재하거나 우주에 저절로 이루어지는 모든 존재나 상태'라고 말하며, 다른 뜻으로 '사람의 힘이 더해지지 않고 저절로 생겨난 산·강·바다, 식물·동물 따위의 존재, 그것들이 이루는 지리적·지질적 환경'이라고 말한다. 또한 '사람의 힘이 더해지지 아니하고 스스로 존재하거나 저절로 이루어진다'는 뜻으로도 풀이되고 있다. 철학적인 의미로써 사람과 사물의 본성이나 본질 그리고 의식이나 경험의 대상인 현상 전체를 말하고 있다.

영어로 자연을 뜻하는 'Nature'의 어원은 라틴어로 'Natura'이며 '근본적인 성질과 타고난 성향'이라는 의미를 가지고 있다. Natura는 그리스어 'Physis'의 뜻인 '온 세상의 동식물을 포함한 모든 것들이 자발적으로 전개

되는 내재적인 본성'과 관련이 있다. 영어와 프랑스어로 Nature, 독일어로는 Natur, 이탈리아어와 스페인어로는 Natura로 표기하고 있다.

2010년에 발행된 「세계기상학회지」에는 재미있는 그림 한 장이 소개되었다. 이 그림은 아티스트인 아담 니만(Adam Nieman)이 그린 것으로 지구상에 있는 물과 공기의 총량을 지구의 크기와 비교하여 보여주고 있다. 지구상에 존재하는 물의 총량은 지름이 1,390 km, 공기는 1,999 km에 지나지 않아서 인간과 모든 생명체가 살아가는 데 필수적인 물과 공기의 소중함을 일깨워 주는 의미 있는 그림이라고 할 수 있다.

Water: 직경 1,390 km
Earth: 직경 12,756 km

Air: 직경 1,999 km
Earth: 직경 12,756 km

지구상의 물과 공기의 총량

재닌 베니어스는 그의 저서 『생체모방(Biomimicry)』에서 자연의 원리를 9개의 문장으로 표현하고 있다. 자연에서 영감을 얻은 모든 기술들은 이 함축적인 의미에 바탕을 두고 진행되었다고 해도 과언이 아니다.

Nature runs on sunlight
자연은 햇빛으로 움직인다.

Nature used only the energy it needs.
자연은 필요한 에너지만 사용한다.

Nature fits form to function.
자연은 기능에 형태를 맞춘다.

Nature recycles everything.
자연은 모든 것을 재활용한다.

Nature rewards cooperation.
자연은 협력을 보상해준다.

Nature banks on diversity.
자연은 다양성에 의존한다.

Nature demands local expertise.
자연은 현지의 전문 지식을 요구한다.

Nature curbs excesses from within.
자연은 내부로부터 과잉을 억제한다.

Nature taps the power of limits.
자연은 한계에서 힘을 얻는다.

자연의 아름답고 신비로운 모습은 여러 자연 다큐멘터리에서 자주 접할 수 있다. 그 중에서도 짧은 시간에 자연의 아름다움을 표현하는 영국의 BBC에서 만든 동영상(https://www.youtube.com/watch?v=DRONFXoXsJ0)은 미국의 전설적인 재즈 가수이자 음악가인 루이 암스트롱(1901~1971)의 노래 '얼마나 아름다운 세상인가!(What a Wonderful World)'와 어울려 많은 사람들의 사랑을 받고 있다.

I see trees of green, red roses too.
푸르른 나무와 빨간 장미도 바라본다.

I see them bloom for me and you.
너와 나를 위해 피어나는 그것들을 바라본다.

And I think to myself what a wonderful world!
그리고 나 혼자 생각한다, 얼마나 아름다운 세상인가!

I see skies of blue and clouds of white.
푸른 하늘과 하얀 구름을 바라본다.

The bright blessed day, the dark sacred night,
밝은 축복된 낮과 어두운 성스러운 밤,

And I think to myself what a wonderful world.
그리고, 혼자 생각한다, 얼마나 아름다운 세상인가.

The colors of the rainbow so pretty in the sky.
하늘 위에 핀 아름다운 무지개 색깔.

Are also on the faces of people going by,
지나가는 많은 사람들 얼굴에도,

I see friends shaking hands saying "how do you do?"
친구들이 악수를 하며 말한다, "잘 지내지?"

But they're really saying, "I love you."
하지만 그들은 사실 "너를 사랑해"라고 말한다.

I hear baby's cry, and I watched them grow.
아기가 우는 소리를 듣고, 커가는 것을 지켜본다.

They'll learn much more than I'll ever know.
아이들은 내가 아는 것보다 훨씬 많이 배운다.

And I think to myself what a wonderful world!
그리고 혼자 생각한다. 얼마나 아름다운 세상인가!

Yes, I think to myself what a wonderful world!
그래, 혼자 생각한다. 얼마나 아름다운 세상인가!

자연은 인간이 가지고 있는 여러 문제점 즉, 환경, 물, 에너지, 기후변화 등에 솔루션을 제공해주고 있다. 인류는 영감과 가이드를 얻기 위해 자연을 바라보았으며, 자연은 현재의 기술이 어떻게 개선될 수 있는지에 대한 단서를 제공해주었다. 수많은 공학적 혁신이 자연에서 영감을 얻으며, 자연으로부터 영감을 얻은 과학과 공학은 미래의 신기술이자 유망기술이라 할 수 있다.

자연과 함께 '자연 생태계'라는 용어가 있다. 생태계는 생물과 무생물이 조화된 하나의 집단을 말한다. 생태학이란 용어는 1866년 독일 생물학자 에른스트 헤켈(Ernst Haeckel)에 의해 처음 사용되었다. 생태학은 생물과 그를 둘러싼 환경의 상호관계를 연구하는 생물학의 한 분야로 정의되고 있다.

자연 생태계는 생물적 요소와 무생물적 요소로 구성되어 있다. 생물적 요소에는 다시 생산자와 소비자 그리고 분해자로 나뉜다. 생산자는 일반적으로 무기물을 재료로 유기물을 합성해내는 녹색 식물을 일컫는다. 식물성 플랑크톤, 수생 식물, 육상 식물 등 엽록소를 지니고 있는 식물로 광합성을 통

생태학의 창시자,
에른스트 헤켈(1834~1919)

하여 유기물(녹말)을 생산해낸다. 소비자는 유기물을 합성할 수 없어 생산자에 의존하여 살아가는 종속영양 생물체로 동물 부류가 여기에 속한다. 그리고 하등 식물군, 곰팡이, 박테리아 등의 분해자가 있다.

무생물적 요소에는 햇빛, 온도, 물, 바람, 수압, 방사선 등의 물리적 요인과 이산화탄소, 산소, pH, 무기염류, 유기물 등의 화학적 요인이 있다.

생태계(Ecosystem)의 분류

	생산자 (Producer)	녹색식물: 초원, 삼림, 식물성 플랑크톤(민물, 바다)
생물적 요소 Biotic factor	소비자 (Consumer)	• 초식동물(Herbivore; 제1차 소비자) • 육식동물(Carnivore; 제2차 소비자) • 잡식동물(Omnivore; 제1,2차 소비자)
	분해자 (Decomposer)	• Microflora(하등식물군: 곰팡이, 박테리아) • Fauna(동물군: 지렁이, 쇠똥구리)
무생물적 요소 Abiotic factor	물리적 요인	햇빛, 온도, 물, 바람, 수압, 방사선 등
	화학적 요인	이산화탄소, 산소, pH, 무기염류, 유기물 등

세계 각 지역의 신기한 지형은 인간에게 아름다움과 경외감을 선사해 준다. 미국 유타주의 아쳐스 국립공원(Arches national park)에 있는 '랜드스케이프 아치(Landscape arch)'는 오랜 세월 동안 침식되었지만, 그래도 아직 무너지지 않고 여전히 아름다운 아치를 그리고 있다. 만화영화로 유명한 『스머프』의 작가인 피에르 컬리포드(Pierre Culliford)는 카파도키아의 침식된 지형을 보고 영감을 얻은 것으로 알려져 있다.

영화감독 제임스 카메론은 중국 장가계 풍치지구 내의 원가계 바위기둥과 경치에서 영감을 얻어 영화 '아바타'를 만들었고, 이 바위 기둥들이 있는 산은 할렐루야마운틴이라는 별명을 얻었다. 국내의 제주도 중문단지에 있는 주상절리도 아름다운 육각형 바위 구조물을 보여주고 있다. 이렇듯 자연은 인간이 보기에 아름답고 신비로운 많은 모습을 가지고 있다.

미국 유타주 아치스 국립공원의 '랜드스케이프 아치'
©2016, Thomas Wolf

터키 카파도키아의 침식 지형
©2008, Haluk Comertel

중국 장가계 풍치지구 전경

제주 중문단지 내 '주상절리'

미래혁신기술, 자연에서 답을 찾다

② 생물의 다양성

매년 5월 22일은 UN이 정한 '생물 다양성의 날'이다. 인간이 자연과 조화를 이루는 지속가능한 사회를 만들고, 위험에 직면한 생물의 다양성을 보전하기 위해 UN에서는 2011년부터 2020년까지 10년 동안을 '생물 다양성의 기간'으로 정하고, 인간의 삶에 미치는 생물 다양성의 중요성에 대한 인식을 높여 손실 속도를 늦추고 생물 다양성 보전 우수 사례를 공유하고자 노력하고 있다.

국립생물자원관에 따르면 2018년 말 기준, 국내에 자생하고 있는 생물 종의 총 수는 507,827종(동물 29,678, 식물 5,477, 조류 6,013, 균류/지의류 5,226, 원생동물 1,984, 세균 2,449)으로 드디어 5만 종을 돌파했다.

미국의 생태학자인 휘태커(Whittaker, R. H.)는 식물계, 동물계, 균계, 원생생물계, 원핵생물계 등 생물의 5계 분류를 체계화했다. 지구상의 생물은 지난 30년 동안 평균적으로 20분마다 한 종씩, 해마다 약 26,000여 종이 멸종하는 것으로 알려져 있다.

생물의 5계 분류체계

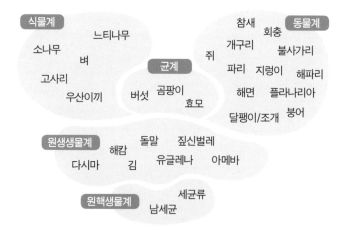

생물 종의 감소는 인류의 산업화와 지나친 자연자원의 남용, 그리고 이에 따른 급격한 기후변화에 그 원인이 있는 것으로 분석된다. 생물로부터 보고 배워서 인간 생활에 활용하고자 하는 자연모사기술은 다양한 생물자원을 바탕으로 더욱 발전할 수 있을 것이다. 하나의 종이 사라진다는 것의 의미는 다시는 돌이킬 수 없는 소중한 정보 자원을 잃는 것과 같다고 할 수 있다. 생물의 다양성을 보전하고 발전시킴으로써 생물자원의 가치를 새롭게 인식시키고 중요성을 공유하여야 한다.

자연 생명체를 자세히 들여다보면, 우리가 상상하지 못한 신기한 모습들을 많이 만날 수 있다. 한국기계연구원 나노자연모사 연구실에서 직접 촬영한 것을 포함한 몇 장의 사진들을 소개하려 한다.

첫 번째 사진은 우리가 흔히 '찍찍이'라고 부르는 벨크로 테이프와 아주 흡사한 '도둑놈의 갈고리'라는 이름의 콩과 식물 열매 표면 사진이다. 사진에서 보는 바와 같이 아무 표면에나 잘 달라붙을 수 있는 갈고리를 가지고 있으며, 그래서 '도둑놈의 갈고리'라는 이름이 잘 어울린다.

도둑놈의 갈고리 열매

두 번째 사진은 상어 피부를 찍은 것이다. 물의 저항을 줄여주는 돌기의 모습을 자세히 볼 수 있다.

상어의 피부(비늘)

세 번째 사진은 아무 표면에나 잘 달라붙는 게코도마뱀의 발바닥 섬모이다. 굉장히 복잡한 계층적인 구조를 가지고 있는 것을 볼 수 있다.

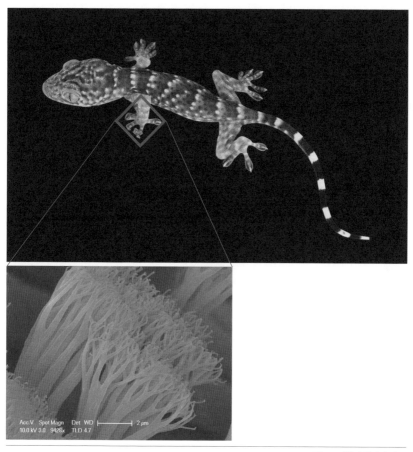

게코도마뱀의 발바닥 섬모

네 번째 사진은 나방 눈의 표면을 확대한 사진으로써 규칙적인 구조를 가지고 있으면서 전혀 빛이 반사되지 않는 나노 크기의 표면 구조를 보여준다.

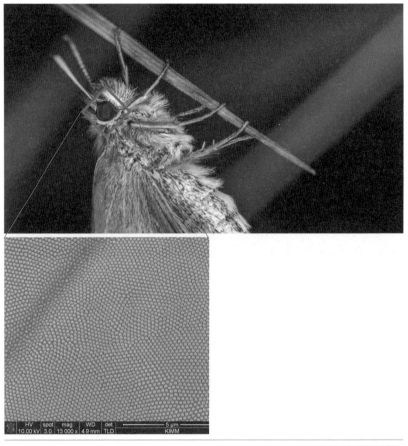

나방 눈의 규칙적인 돌기

다섯 번째 사진은 연잎 표면의 모습이다. 연잎 위에 물방울이 데굴데굴 굴러다니는 원인을 이런 구조 사진으로 알 수 있다.

연잎 표면의 초발수 계층적 돌기

마지막 사진은 포유류의 청각기관인 내이의 달팽이관 속에 있는 수백 나노 굵기의 섬모 다발로 이루어진 '스테레오실리아'라는 기관이다. 이 스테레오실리아는 소리를 감지하는 중요한 기관 중 하나이다.

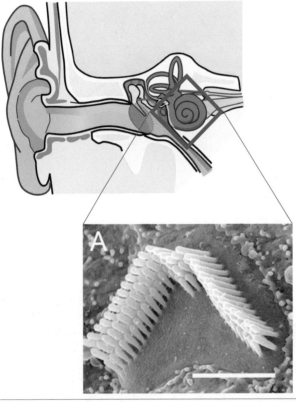

달팽이관 속의 '스테레오실리아'
©2015, Chittka L, Brockmann

③ 자연모사기술이란?

 '자연모사기술(Nature-Inspired Technology)'이란, 자연의 생태계와 자연 현상 그리고 살아있는 생명체 등의 기본 구조, 원리 및 메커니즘을 모사(Mimetics) 하여 공학적으로 응용하는 기술을 말한다. 자연모사기술이라는 용어는 일 반적으로 살아있는 생명체를 대상으로 하는 '생체모방공학(Biomimetics, Biomimicry)'이라는 개념에서 한 단계 진보하여, 무생물까지도 포함한 자연으 로부터 영감을 얻어 인간의 삶을 보다 편리하고 풍요롭게 만들어 주기 위한 융합기술이라 할 수 있다.

 '모사'라는 단어의 사전적인 의미는 여러 가지가 있다. 먼저 '모사(模寫)'는 '사물의 형체를 그대로 그리거나 베낀다(Copy, Reproduce)'라는 뜻이 있으며, '모사(謀事)'는 '어떤 일을 기획, 설계하고 계획하는 일(Design, Plan)', 그리고 '모사(謀士)'는 '꾀를 잘 내어 일을 잘 이루게 하는 사람(Schemer, Tactician)'을 의미한다. 이 중 자연모사기술에 사용되는 한자는 '謨寫'이며, 'Design/Plan, Copy/Reproduce'라는 여러 가지 의미가 포함되어 있다.

유사한 용어로는 '자연영감'이 있고, '자연중심'이라는 단어도 사용되고 있다. 또 그간 오랫동안 사용되어 왔던 용어 중 생체모방, 생체모사, 생물모방, 생물모사, 생물영감, 생태모방, 의생학 등의 단어도 있다.

'생체모방(Biomimetics)'이라는 용어는 바이오닉스(Bionics), 바이오그노시스(Biognosis), 바이오미미크라이(Biomimicry), 바이오창조공학(Bionical creativity engineering) 등의 용어와 동일한 의미로 사용되고 있다. 그리스어로 '바이오스($\beta\iota\sigma\varsigma$)'는 생명이라는 뜻이며, 바이오닉스는 바이오미케닉스(Biomechanics)의 축약형의 의미와 Biology와 Electronic의 합성어로 사용되며, 잭 스틸(Jack E. Steele)에 의해서 1960년 데이턴(Dayton)에서 개최된 학술대회에서 최초로 사용되었다.

Biomimetics라는 합성어는 1950년대 생체물리학 분야에 혁혁한 과학적 업적을 달성한 미국의 발명가이자 공학자인 오토 슈미트(Otto Schmitt)에 의해 최초로 사용되었으며, 1974년도에 최초로 웹스터 사전에 등재된 단어이다.

Biomimicry는 Biomimetics와 동일한 의미로 사용되지만, 생체모방보다는 생태모방이라는 용어에 좀 더 가깝게 사용되고 있다. 1982년에 최초로 사용되었으며, 미국의 재닌 베니어스(Janine Benyus)가 1997년에 'Biomimicry'라는 협회를 만들고 책을 발간하면서 본격적으로 널리 알려진 용어이다. 그 외에도 하버드 대학의 위스 연구소(Wyss Institute)에서 사용되고 있는 '생물영감(Bio-Inspiration)'이라는 용어가 있는데, 이는 생물에서 영감을 얻어 공학적으로 활용하는 기술을 의미하고 있다.

다음에 나오는 그림에서 자연모사기술과 생체모방(또는 생물모방) 그리고 생물영감 등의 영역을 생물학, 바이오닉스 영역과 함께 살펴볼 수 있다. 바이오영감(Bio-inspiration)은 분자세포생물학, 유전공학, 임상의학 등의 다양한 학문과 공학이 융합된 분야로 알려져 있다. 자연모사기술은 바이오 즉, 생명체를 뜻하는 영역에서 무생물까지 포함함으로써 생체모방이나 생물모방을 포괄하고 있다.

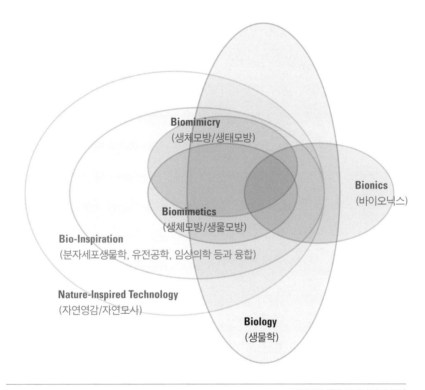

자연모사 관련 용어의 관계 영역

최근 '자연모사기술', '생체모방기술' 등과 함께 '청색경제', '청색기술'이라는 용어가 자주 등장하고 있다. '청색경제'는 벨기에 태생의 군터 파울리(Gunter Pauli)가 2010년에 출간한『청색경제(The Blue Economy)』에서 처음 언급한 용어이다. 이 책은 자연모사기술(Nature-Inspired Technology)이라고 명시하고 있는 100가지 기술로 10년 안에 1억 개의 일자리를 만들 수 있다고 주장한다. 끊임없는 성장과 소비, 생산을 부추기며 유한한 자원을 고갈시키는 '적색경제(Red economy)'의 대척점에 있는 개념으로 청색경제를 제시한다.

지식융합연구소 이인식 소장은 2013년에『자연에서 배우는 청색기술』을 발간하면서, 청색경제를 달성하기 위한 기술로써 '자연에서 영감을 얻고 자연의 메커니즘을 모방한 청색기술'을 주장했다. 청색기술은 바로 자연모사기술과 그 뜻을 같이 하는 기술이라고 볼 수 있다.

녹색기술과 녹색경제가 단순히 환경을 보존하는 차원을 의미한다면, 청색기술과 청색경제는 여기에서 한 단계 더 나아가서 자연 순환에 바탕을 둔 지속가능한 자원의 재생산을 추구하는 개념이 포함되어 있다.

이인식 소장은 "38억 년 자연의 지혜가 인류의 미래를 바꿀 수 있다"라고 말하면서 녹색기술과 녹색경제에 기초한 녹색성장보다 자연의 순환원리를 그대로 따르기 때문에 인류에게 지속가능한 발전을 보장하는 자연중심기술 즉, 청색기술에 주목해야 한다고 강조하고 있다.

자연모사기술의 몇 가지 사례를 살펴보면, 흰개미집의 자연 통풍 원리를 모사한 짐바브웨의 한 쇼핑센터는 냉난방에 사용되는 에너지의 90% 이상을 절감했다. 국내에서 개발된 혹등고래의 울퉁불퉁한 모양을 모사한 팬은 소음을 2dB 이상 감소시켰고, 소비 전력을 10% 이상 저감시키는 효과를 거두었다. 또 사람의 고막과 달팽이관 속의 청각기관을 모사한 감응 시스템 개발은 기존의 청각 보조 장치의 소비 전력을 대폭 저감시킨 성과를 거두었다. 거미를 모사한 진동감지센서는 기존의 공학적인 진동감지센서보다 100~1,000배까지 민감도를 높이는 우수한 성과를 보였다. 상어 피부를 모사한 수영복의 경우에 물의 저항을 5% 이상 저감시킨 사례도 있다.

자연모사기술 사례

흰개미 집 모사 건축물	에너지 90% 이상 저감
혹등고래 모사 팬 구조	소음 2dB 감소, 소비 전력 10% 저감
청각기관모사 감응 시스템	소비 전력 87.5% 저감
거미 모사 진동감지센서	미세진동 감도 최대 1,000배
상어 피부 모사 수영복	물 저항 5% 이상 저감

　　최근 과학기술의 급진적인 발전과 첨단화로 인해 기술발전이 정체기에 들어섰다고 평가하는 의견이 있다. 이에 연구자들은 기술발전의 정체에 대한 대응과 자연에 순응하는 기술개발의 필요성을 절실히 느끼고 있다. 이에 따라 현재 과학기술의 구조적, 기능적 한계와 문제에 대한 돌파구를 찾기 위해 자연모사혁신기술이 강조되고 있다. 38억 년이라고 하는 긴 세월 동안 지구상에 생존해오고 있는 여러 가지 생명체나 여러 구조들을 보고 아이디어를 얻어서 자연모사혁신기술을 발전시켜 미래의 신 시장을 창출하고, 여러 가지 공학적 난제를 해결해나갈 수 있을 것이라는 생각이 늘어나고 있다.

　　영국의 줄리안 빈센트(Julian Vincent) 교수가 2006년 발표한 「생체모방공학의 이론과 응용」이라는 논문에 의하면, 과학기술 관점에서 어떠한 문제에 대한 해결책을 추구할 때는 에너지(Energy)의 활용과 물질(Substance)의 사용이 가장 중요한 변수가 되며, 자연 생명체 관점에서 문제 해결 방법의 가장 중요한 변수는 에너지나 물질이 아닌 정보(Information), 공간(Space)과 구조(Structure)라고 설명하고 있다. 즉, 기술적인 문제 해결에서는 추가 에너지, 새로운 물질 등을 이용해서 해법을 얻으려는 경향이 있는 반면, 자연은 에너지 또는 물질을 추가적으로 이용하기보다는 새로운 정보나 구조의 변형 등을 통해 보다 효율적이며 지속가능한 친환경적인 해법을 제시한다고 할 수 있다.

최적화된 자연을 모사하여 공학적으로 활용하려는 자연모사기술은 새로운 기능과 새로운 소자, 새로운 시스템을 개발하는 데 획기적인 전기를 마련할 수 있음은 물론이고, 최근 이슈가 되고 있는 지속가능한 청정기술로 주목을 받고 있다. 자연모사기술 분야는 핵심 원천기술을 통한 미래 유망기술로 높은 관심을 받고 있으며, 특히 물리, 화학, 생물 등의 기초과학과 기계, 재료, 전기전자 등의 공학 기술이 서로 융합되어 나노기술과 바이오기술의 상승 발전에도 크게 기여할 수 있을 것이다.

기존에 해오던 연구개발 개념과 자연모사혁신기술의 차이점을 몇 가지 살펴보면, 먼저 기존의 연구개발에서는 국가의 전략을 수립하고 경제성장과 과학기술 경쟁력을 향상하는 데 주안점을 두는 반면, 자연모사혁신기술은 여기에 더해서 인간과 자연의 공존을 좀 더 강조하고 있다는 차이가 있다. 또 연구개발의 방향성으로 보면, 기존의 연구개발은 기술 진보를 통해서 생산성 향상과 산업 발전을 도모하는 데 반해 자연모사혁신기술은 지속가능한 선순환적인 산업 발전과 국민 공감형 R&D 연구개발을 하고 있다.

기존의 공학적인 문제 해결 방법으로는 국부적/지역적인 최적점(Local optimal point)을 찾을 수밖에 없는 한계가 있다. 이에 비해, 자연에서 찾는 최적점은 국부적인 최적화점이 아닌 글로벌한 전 영역에서의 최적화된 방안이 제시되고 있다고 할 수 있다. 이미 자연에 존재하고 있는 최적화된 방법을 보고 배우고 모방하고 모사하고 응용해서 여러 가지 공학적인 난제를 해결해 나가는 게 바로 자연모사기술의 차별성이라고 할 수 있다. 더 나아가 자연모사기술은 과학기술을 넘어서 인문사회 분야나 예술 분야와 접목을

해서 우리의 생활을 더욱 윤택하고 편리하게 만드는 인간과 자연을 묶는 21세기형 융합 기술 분야로도 기대를 모으고 있다.

기존 R&D와 자연모사 기술 R&D의 차별성

구분	기존 R&D	자연모사기술 R&D
목적	• 국가 전략, 경제 성장, 과학기술 경쟁력 향상	• 국가 전략, 경제 성장, 과학기술 경쟁력 향상 • 인간과 자연의 공존, 기후변화/환경 오염에 선제적 대응 • 태동 · 성장기 분야의 신기술 확보
방향성	• 기술 진보를 통한 생산성 향상/사업 발전	• 지속가능한 선순환적 산업발전 • 대표적 국민 공감형 R&D
방법론	• 공학적 알고리즘을 이용한 효율성/최적화 추구 • 국부(Local) 최적 방안 제공	• 공학+생물학적 융합적 혁신솔루션 도출 • 전 영역(Global) 최적 방안 제공, 시행착오 최소화
문제 해결 방식*	• 공학 시스템: 에너지와 물질로 문제 해결(에너지, 물질 과다 사용) 	• 바이오 시스템: 정보와 구조로 문제 해결(에너지 효율 극대화, 생체정보와 다양한 구조 활용)

* 2006, Biomimetics-its practice & theory, Vincent et al. JRSI

1803년 영국의 조지 케일리(George Cayley) 경은 하늘을 나는 새를 모사한 글라이더 비행에 성공했으며, 100년 후 라이트 형제는 동력비행기의 비행에 성공했다. 우리가 일상생활에 흔히 사용하고 있는 찍찍이라고 부르는 벨크로(Velcro) 테이프는 엉겅퀴 씨앗을 흉내 낸 것으로 1948년에 조르주 드 메스트랄(George de Mestral)에 의해 발명되었다. 이 발명품은 각종 신발과 의류 등은 물론이고, 무중력 상태의 우주선 내에 물건들을 고정시키는 데에도 이용되고 있다. 벨크로는 자연에 존재하는 특수한 기능을 공학적으로 이용한 대표적인 예로써 생체모방 또는 자연모사기술을 언급할 때 항상 등장한다.

　자연모사기술은 최근 나노-바이오기술의 급속한 발전과 더불어 새롭게 각광받고 있다. 나노스케일의 생체물질을 관찰하고 특성을 평가할 수 있는 고성능의 장비가 개발되고, 생체물질을 분자 단위로 조합하고 합성 등의 첨단기술이 개발됨에 따라 자연모사기술도 새로운 전기를 마련하고 있다.

❹ 자연모사기술의 분류

　자연모사기술 분야는 모사하고자 하는 자연 시스템의 종류가 매우 많고 다양하며, 그 기능 또한 무궁무진하기 때문에 서로 다른 원리를 바탕으로 명확히 분류하기가 매우 어렵다.

　미국의 생태학자인 재닌 베니어스(Janine Benyus)는 자연으로부터 영감을 얻은 지속가능한 혁신기술을 강조했으며, 생태학적 관점으로부터 자연을 설계모델(Model), 판단기준(Standards of measure), 조언자(Mentor) 등으로 분류했다. 바이오미미크라이는 자연의 형태, 과정, 시스템 등을 연구하여 이를 '설계모델'로 삼아 인간의 문제를 해결하려는 새로운 과학기술이며, 혁신기술의 적절성(Rightness)을 판단하는데 자연의 생태학적 기준을 사용한다고 말하고 있다. 또한, 자연을 보고 평가하는 새로운 방법으로써 바이오미미크라이 기술이 조언자 역할을 한다고 정의하고 있다.

　한편, 재닌 베니어스가 설립한 협회에서는 바이오미미크라이 기술을 그룹, 서브그룹 그리고 기능별로 구체적이고 상세한 분류체계 방법을 제시하고 있으며, 'asknature.org' 사이트에 방대한 양의 정보를 공개하고 있다. 이 분류체계에서는 '이동과 정지(Move or Stay put)', '수정(Modify)', '자원의 획득, 저장, 분배(Get, Store or Distribute resources)', '물리적 완결성 유지(Maintain physical integrity)', '공동체 유지(Maintain community)', '공정 정보(Process information)', '고장(Break down)', '제작(Make)' 등 8가지의 그룹으로 구성되어 있으며, 각 그룹은 다시 서브 그룹으로 나뉘어진다.

바이오미미크라이 분류체계

유럽 ESA(European Space Agency)의 마크 에어(Mark Ayre)는 2004년에 발표한 『Biomimicry-A Review』에서 큰 틀에서의 공학적인 이슈에 따라 5가지로 분류하는 방법을 제시했다. 독일의 연방 교육연구부(BMBF)에서 2009년에 발간한 보고서 「Potentials and Trends in Biomimetics」에는 '형태와 기능', '바이오사이버네틱스, 센서 기술과 로보틱스' 그리고 '나노바이오미메틱스'의 3가지로 분류했다. 각각의 대표적인 사례는 '벨크로, 에어포일 날개', '최적화 기법과 유전알고리즘, 로봇과 인공지능' 그리고 '연잎효과, 거미줄, 생광물화(Biomineralization)' 등으로 설명하고 있다.

영국 바스 대학(University of Bath)의 줄리안 빈센트(Julian Vicent) 교수는 생물과 공학 사이의 연관관계를 5단계로 구분하여 정리했으며, 자연에서 배운 기술은 단순히 자연의 모양을 따라 하는 '절대적 복제 단계', 자연의 모양의 일부를 복제하는 '일부 복제 단계', 자연의 기능을 모방한 '기능 복제 단계', 복잡한 구조의 핵심을 응용한 '유사성 축약 단계' 그리고 인간을 대신할 수 있을 정도로 뛰어난 '영감적 설계 단계'로 구분했다.

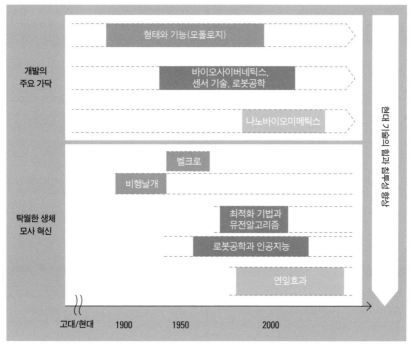

독일 BMBF의 생체모방공학의 분류

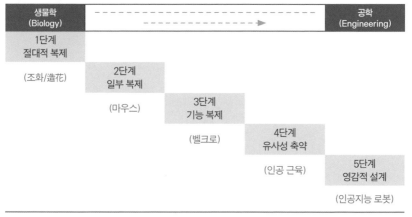

빈센트 교수의 생물학과 공학의 근접성

독일과 영국을 중심으로 만들어진 비오콘인터네셔널(www.biokon-international.com)은 비영리단체로써 바이오미메틱스 분야의 국제적 네트워크를 위해 결성되었으며, 생체모방공학에 대한 많은 정보를 제공하고 있다. 이 기구에서는 12개의 워킹그룹으로 나누어 활동하고 있으며, 기술적으로는 1~10번까지 분류하고 있다.

WG	1	건축과 설계(Architecture & Design)
WG	2	생체모방소재, 자기 메커니즘(Bio-inspired materials, Self-x-mechanisms)
WG	3	복합 생물학적 시스템, 시스템 통합/조직 (Complex biological systems, System integration and organization)
WG	4	에너지시스템(Energy Systems)
WG	5	유체역학(Fluid dynamics)
WG	6	기능성 표면(Functional surfaces)
WG	7	분자, 생화학 생체모방, 바이오기술 (Molecular, Biochemical biomimetics & Biotechnology)
WG	8	로보틱스, 모션시스템, 인공지능 (Robotics, Motion systems, Artificial intelligence)
WG	9	센서, 신호 처리(Sensors & Signal processing)
WG	10	경량 구조(Lightweight structures)

다음 표는 ESA에서 분류한 5가지 기술에 대한 Technology Tree와 각 분류 기술의 응용 예를 보여주는 것이다.

자연모사기술의 분류(2004, ESA, Mark Ayre)

대분류	중분류	세분류
구조와 재료	**Structures**	• Novel Structures • Dynamic/Adaptive Structures • Deployment, Folding, Packing
	Materials	• Composite • Bio-Incorporated Composite • Smart Materials
기구와 공정	**Mechanisms**	• Muscles and Actuators • Locomotion
	Processes	• Novel Process • Thermal Management • Fabrication • Power Generation and Storage
동작과 제어	**Behavior**	• Classical Artificial Intelligence • Behavior Artificial Intelligence • Learning Mechanism • Swarm Intelligence(Distributed Artificial Intelligence)
	Control	• Reflexive Control • Rhythmic Control
감지기와 통신	**Sensors**	• Vision • Hearing • Touch • Taste and Smell
	Communication	• Passive Group Communication
세대 간 모사	**Generational Biomimicry**	• Ecological Mechanism • Genetic Mechanism • Cultural Mechanism • Geneering/Human Alteration

자연모사기술 분류에 따른 대표적인 응용 예

기술분류	대표적 응용 예
구조	• 벌집 구조, 거미줄, 게코 접착 • 외란에 대한 동적/적응적 반응 • 해바라기 씨, 곤충 날개, 식물 잎
재료	• 나무 섬유질복합제, 조개껍질 • 거미줄 단백질 • 광크롬유리, 자기치유/감지재료
기구	• EAP, 형상기억합금, 에어머슬 • 곤충비행기구 (와류 제어)
공정	• 세포메카니즘(여과, 이온 전달) • 사막 여우 귀, 흰개미집 • 뼈, 뿔 등의 성장(침착/광물화) • 광합성
동작	• 인공지능 개념, 전문가 시스템 • 의사 결정, 패턴 인지, 확고함 • 신경회로망, 학습분류시스템 • 개미군집기구(분산인공지능)
제어	• 동물로봇제어, 신경과학 • 중심패턴발생기
감지기	• 생체모사 시각시스템 • 생체모사 청각시스템 • 생체모사 촉각시스템, 햅틱 • 생화학신호측정기
통신	• 개미의 페로몬 분비, 위장/반위장 • 돌고래 간 의사소통
세대간 모사	• 생태학, 리사이클링 • 유전알고리즘/프로그래밍 • 문화 발전 메카니즘 • 유전자공학/조작

(1) 구조와 재료(Structure and Material)

자연 구조물의 형태와 생체재료의 우수한 특성을 모사하는 분야로써 크게 구조와 재료로 구분된다. 구조는 a)특수기능 구조, b)동적/적응성 구조, c)전개, 접음 및 포장 등으로 세분화되며, 재료는 a)복합재료, b)지능형 재료, c)생체재료이용 복합재료로 나누어진다.

게코도마뱀의 나노섬모를 모방한 건식부착 구조물 연구, 연잎, 토란잎 등의 초발수성 성질을 모방하려는 연구, 그리고 도꼬마리 씨앗을 모사한 벨크로 테이프 등이 '특수기능 구조'의 범주에 포함된다. 나뭇잎의 새싹이 껍질 안에서는 매우 작은 공간을 차지하고 있다가 밖으로 나오면서 넓게 펴지는 모습을 우주선의 태양전지 등에 활용하는 연구도 있으며, 이에 관련된 범주는 '전개'에 해당된다.

도꼬마리 씨앗과 이를 모사한 벨크로의 구조

나뭇잎의 전개 모습
Kobayashi, H. & Kresling, Biruta & Vincent, Julian. (1998).
The geometry of unfolding tree leaves. Proc. R. Soc. B Biol. Sci. 265. 10.1098/rspb.1998.0276.

자기세정효과를 지닌 연잎과 토란잎의 표면을 모사한 여러 가지 제품이 개발될 경우 최근 이슈가 되고 있는 환경오염 저감에 크게 일조할 수 있을 것이다. 연잎과 토란잎 표면 돌기의 자기세정효과는 표면 구조가 손상되거나 오염되면 그 고유한 특성을 잃게 된다. 자연에 존재하는 모든 생명체는 자기복원능력을 지니고 있기 때문에 이러한 특성을 유지할 수 있지만, 자연의 표면을 모사하여 만들어진 공학적인 제품들은 사용 중에 손상되거나 오염되면 고유한 특성을 유지하지 못하게 된다. 따라서 대량생산 공정을 통하여 자연의 표면을 모사한 제품을 개발할 경우, 표면 특성의 지속성과 함께 표면 오염의 방지 방안에 대해서도 적극적인 관심을 가져야 할 것이다.

최근 환경과 에너지 문제로 큰 관심을 끌고 있는 태양전지 표면에 자연을 모사한 초발수와 반사방지 효과를 부여하여 효율을 높이려는 연구가 진행 중이며, 사막에 사는 딱정벌레 등껍질의 수분 포집 기능을 모사하여 공기 중의 수증기를 포집하여 물 부족 문제를 해결하려는 연구도 시도되고 있다.

초발수성 토란잎과 표면의 미세 돌기

벌집 모양은 적은 양의 재료로 효율적으로 하중을 지탱하는 구조로 알려져 있다. 여기에서 영감을 얻은 비공기압 타이어는 자동차 타이어의 펑크로 인한 위험을 완전히 해소할 수 있을 것으로 기대된다.

육각형의 벌집 구조와 이를 모사한 비공기압 타이어

1) 나노섬모의 부착력

벽과 천정을 자유자재로 붙어 다니는 게코도마뱀 부착력의 비밀은 2000 년 미국의 버클리 대학 연구팀에 의해 밝혀졌다. 게코도마뱀의 발바닥에는 수억 개의 가느다란 나노스케일 섬모가 존재하며. 벽면과 섬모 사이에 서로 끌어당기는 힘인 '반데르발스 힘(Van der Waals forces)'이 작용하여 부착력이 발생한다. 게코도마뱀의 발바닥을 자세히 살펴보면 수백만 개에 달하는 마이크로 스케일의 강모(Setae)가 덮여 있으며, 이 강모는 다시 수백 개의 주걱 모양 스패츌러(Spatula)로 갈라지는 계층적 구조를 가지고 있다. 강모의 크기는 길이 50~100 μm, 직경 5~10 μm이며, 스패츌러의 크기는 길이 1~2 μm, 직경 200~500 nm이다. 스패츌러 하나의 부착력은 수 나노뉴톤에 불과하지만, 수억 개의 스패츌러의 힘이 합쳐지면 도마뱀 무게의 수십 배에 달하게 되어 자유자재로 벽면이나 천정에 붙어 다닐 수 있는 것이다.

게코도마뱀

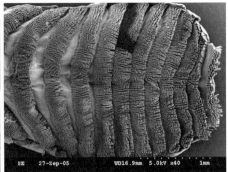

게코도마뱀 발바닥 확대 사진
©2009, Matt Reinbold

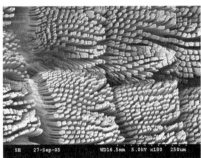
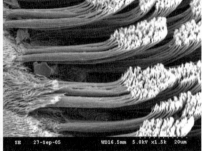

게코도마뱀 발바닥의 강모(왼쪽)와 스패츌러(오른쪽)

　게코도마뱀의 발바닥보다는 적지만, 파리의 발바닥에도 자신의 체중을 손쉽게 지탱할 수 있는 섬모가 존재한다. 게코 섬모와는 달리 파리의 스패츌러 선단은 분비액이 존재하여 접착력을 높이는 것으로 알려져 있다.

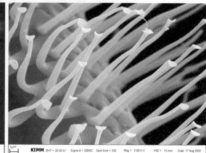

파리 발바닥의 섬모

　최근의 나노공정기술로 이러한 섬모가 존재하는 표면구조물을 만들어 활용한다면 접착제 성분이 전혀 없이 떼었다, 붙였다가 가능한 획기적인 친환경 접착기구가 탄생할 수 있다. 게코도마뱀의 발바닥을 모사한 접착 기구는 기존의 접착테이프나 접착제를 대체하는 것은 물론이고, 청정 진공 환경이 필요한 반도체 제작 공정에서 웨이퍼의 탈부착 기구에 응용이 가능할 것이다. 또한 우주인 장갑에 이를 응용한다면 무중력 공간에서의 활동이 훨씬 자유로워질 것으로 기대된다. 미국의 스탠포드 대학에서는 게코도마뱀을 본떠서 만든 유리벽을 기어오를 수 있는 '스티키봇(Stikybot)'이라는 로봇을 발표한 바 있으며, 상업화를 위한 연구가 전 세계적으로 진행되고 있다.

도마뱀 모사로봇 '스티키봇'
출처: BDML, Standford University

2007년 7월 「네이처」지 표지에는 'Gecko with Mussel'이라는 제목과 함께 「홍합과 게코도마뱀에서 영감을 얻어 개발한 물기나 건조한 곳에서 가역적으로 사용할 수 있는 접착제 개발에 관한 연구」라는 논문이 게재되었다. 게코 발바닥 나노섬모의 부착력이 물속에서 급격히 감소하는 현상을 극복하기 위하여 물속에서도 접착력이 탁월한 홍합의 단백질을 결합시킨 'Geckel'이라는 접착물질을 개발한 것이다.

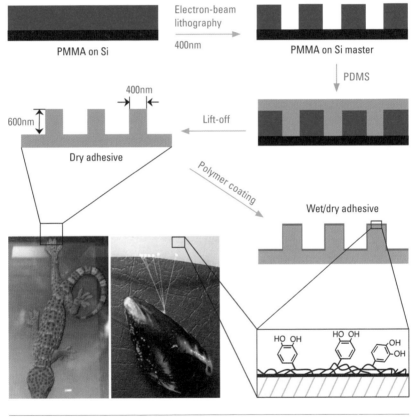

Geckel의 제조 공정
KAIST, 이해신 교수 연구실

서울대 연구팀은 최근 미국화학회에서 발행하는 학술지인 「Langmuir」에 '소금쟁이가 물 위에서 점프를 하고 빠르게 움직이면서도 빠지지 않는 비밀은 다리가 물을 찰 때의 속도와 관련이 있다'는 내용의 연구 결과를 발표했다. 소금쟁이 다리 같은 초소수성 공을 만들어 다양한 속도로 물에 떨어뜨리면서 고속카메라로 촬영하여 공이 물에 빠지지 않고 튀어오를 수 있는 조건과 물에 다시 떨어질 때 가라앉지 않을 수 있는 조건을 찾았으며, 향후 소금쟁이처럼 물에서 뛰어난 운동능력을 가진 곤충 모방 수상 로봇 개발 연구에 응용할 수 있을 것으로 보인다.

2) 인공 거미줄, 바이오스틸

간혹 거미와 곤충을 혼동하는 사람들이 있다. 하지만 거미는 엄연히 곤충과 다른 특징을 가지고 있다. 우선 곤충은 머리/가슴/배의 세 부분으로 나뉘어 있는 반면, 거미는 머리와 배, 두 부분으로 나뉘어 있다. 또한 거미는 곤충의 특징인 더듬이와 날개가 없으며, 다리도 곤충과 달리 4쌍을 가지고 있다. 그리고 무엇보다도 변태를 하지 않는다는 점이 곤충과 가장 다른 생물학적 특성이다.

하찮아 보이는 거미줄이 강철보다 5~10배 강하다는 사실은 잘 알려져 있지만, 인공 거미줄을 대량 생산하기 위한 기술적인 어려움으로 실용화를 달성하지 못하고 있다. 캐나다 회사인 '넥시아'에서는 유전자이식 염소를 이용하여 거미줄의 유전자와 단백질을 추출하고 이를 다시 전기방사공정을 통해 인공 거미줄인 '바이오스틸(BioSteel)'을 만드는 시도를 했다. 바이오스틸은 의료용 봉합사로 활용할 수 있는 소재다.

자연 상태의 거미는 거미줄 단백질이 모여 있는 실샘으로부터 긴 관을 거

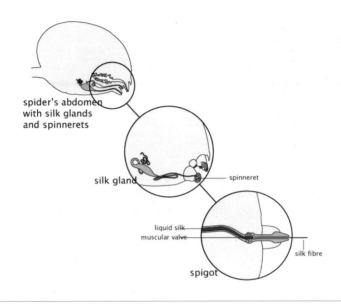

거미줄 생성 과정
https://australianmuseum.net.au/learn/animals/spiders/silk-the-spiders-success-story/
©Australian_Museum

처 방적돌기(Spinneret)를 통하여 몸 밖으로 고체 상태의 거미줄을 뿜어낸다. 단백질이 거미 몸속에 액체 상태로 있다가 실관과 방적돌기를 통해서 몸 밖으로 나올 때는 강도와 탄성이 뛰어난 실 형태로 방사되는 것이다. 거미의 꽁무니에는 많은 수의 방적돌기가 있으며, 다양한 특성을 지닌 거미줄을 만드는 메커니즘이 숨어 있다. 거미줄의 기본 구조는 아미노산의 시퀀스라고 불리는 반복적인 글리신과 알라닌 블록으로 구성되어 있다. 거미줄 생성 과정은 거미줄 성분의 단백질을 합성하는 문제와 함께 아직도 과학자들이 풀어야 할 숙제로 남아 있다.

거미줄 방적돌기 (Photo courtesy MicroAngela)
©2014, jason4825

이슬 맺힌 거미줄의 모습

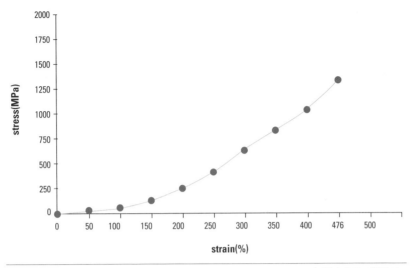

거미줄의 응력-변형률 선도

http://www.tiem.utk.edu/~gross/bioed/bealsmodules/spider.html

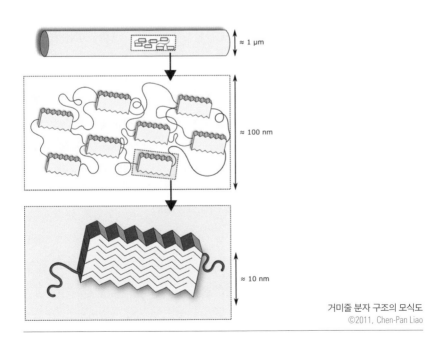

거미줄 분자 구조의 모식도

©2011, Chen-Pan Liao

3) 인공 뼈/이

인간의 뼈는 다공성의 독특한 구조를 가지고 있어서 매우 가벼우며, 외부의 누르는 힘에 잘 견디고, 쉽게 깨지거나 부러지지 않는 우수한 기계적 특성을 가지고 있다. 이러한 특성을 모방하여 로켓 절연체를 위해 티타늄으로 코팅된 다공성 탄소재료가 만들어졌으며, 실제 인간의 뼈와 호환성도 뛰어나 수술실에서 뼈의 대체 재료로 사용되고 있다.

뼈와 비슷한 이도 모방의 대상이 되고 있으며, 쥐의 이빨은 심지어 철선을 갉아대도 결코 상하지 않을 정도로 단단한 것으로 알려져 있다. 이와 같은 구조를 흉내 내어 '산화티타늄'으로 된 단단한 소재를 개발하고 있다.

4) 홍합의 접착 단백질

홍합은 바닷가의 바위에 단단하게 붙어서 살아가며 거친 바람과 파도에도 끄떡없이 견뎌낸다. 홍합이 바위에 붙는데 사용하는 생체물질은 10개의 아미노산이 반복돼 있는 단백질로 밝혀졌으며, 이 단백질을 만드는 유전자를 대장균의 DNA에 삽입해 접착제 단백질을 대량생산하는 연구가 발표된 바 있다.

(2) 기구와 공정(Mechanisms and Processes)

기구와 공정은 세부적으로 작동기, 이동, 새로운 공정, 에너지 관리, 공정 및 동력 발생, 저장 등으로 나누어진다. 예를 들어 EAP(Electro-Active Polymer)를 이용한 인공근육의 개발연구는 '작동기'에 포함되고, RCM(Reciprocating

Cemical Muscle)을 이용한 곤충의 날갯짓을 모사하여 만든 비행체인 '엔토몹터(Entomopter)' 개발연구는 '이동'의 범주에 포함된다. 이동과 관련하여 자연계를 살펴보면, 자연계 종들의 이동성은 그 종들이 필요로 하는 목적에 따라 이동 속도, 가속력, 안정성 등이 제각기 다름을 알 수 있다. 사자는 먹이를 잡기 위해 가속력이 필요하고, 거북이는 포식자를 회피하지 않고 장갑으로 방어하므로 속도나 가속력보다는 안정성이 우선시된다. 또한, 곤충이나 갑각류 등의 운동을 모사한 여러 가지 로봇의 개발연구도 진행되고 있다.

바닷가재 로봇

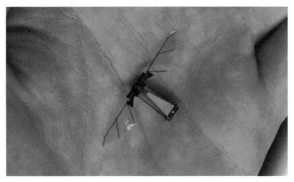

초소형 비행체
Shang, Jessica & Combes, S & Finio, B & Wood, R. (2009).
Artificial insect wings of diverse morphology for flapping-wing micro air vehicles.
Bioinspiration & biomimetics. 4. 036002. 10.1088/1748-3182/4/3/036002.

라이트 형제의 비행기

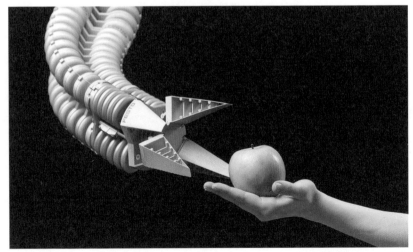

코끼리 로봇(독일 FESTO사)
©Festo AG & Co. KG

(3) 행동과 제어(Behavior and Control)

　행동과 제어는 세부적으로 고전적 인공지능, 행동 인공지능, 반사 제어,
반복 제어로 나누어진다. 여기서 행동과 제어의 용어 정의를 먼저 하자면 행
동이란 동물의 결정에 따른 결과를 말하고(어떤 먹이를 쫓을지, 언제 잠을 잘 것인지 등
을 결정하는 것), 제어란 행동 결정에 따른 운동을 말한다(먹이를 쫓을 때 다리가 인지
하지 않아도 움직이는 것). 아이로봇사의 로드니 브룩스(Rodney Brooks)는 단순한
행동들을 건축용 블록으로 사용한 포용구조(Subsumption architecture)로 로봇
청소기 '룸바(Roomba)'를 제작했다.

인공지능 로봇청소기의 예
©LG전자

　사방을 바쁘게 돌아다니는 개미는 목적지 없이 제멋대로 헤매고 다니는
것처럼 보이지만, 식량을 효율적으로 모으고 복잡한 활동을 조직적으로 해
내고 있다. 개미는 식량을 발견하면 혼자서 옮길 수 있는 만큼만 들고 오면
서, 배에서 분비되는 페로몬을 길에 뿌려 다른 개미에게 알려준다. 이러한
개미의 생태를 관찰하면 좋은 아이디어를 얻어 많은 곳에 응용할 수 있을
것이다.

(4) 감각기관과 소통(Sensors and Communication)

감각기관과 소통은 세부적으로 a)시각, b)청각, c)촉각, d)미각과 후각, e)
의사소통으로 나뉜다. 카메라의 렌즈가 가장 대표적인 모사 예가 될 수 있으
며, 곤충에게 존재하는 표피의 응력을 측정하는 컵 모양의 섬모를 모사하려
는 연구도 진행되고 있다. 맛과 냄새를 구별하는 인공 혀, 인공 코에 관한 연
구도 꾸준히 진행되고 있다.

최근, 곤충의 눈을 모사한 독특한 눈 구조의 초박형 디지털카메라 '제노
스페키(Xenos peckii)'가 KAIST 정기훈 교수 연구실에서 개발되었다. 이 카메
라의 렌즈는 기존 시스템보다 더 얇으면서 상대적으로 넓은 광시야각과 높
은 분해능을 가지고 있어 초박형카메라 제작의 새로운 방법을 제시했다.

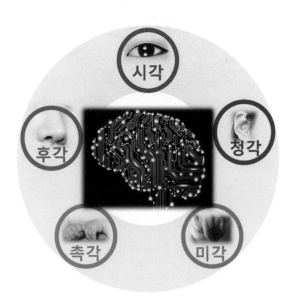

인간의 오감

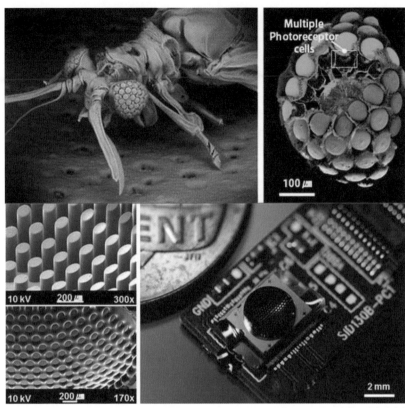

곤충 눈 구조를 모사한 초박형 카메라
KAIST 정기훈 교수 연구실

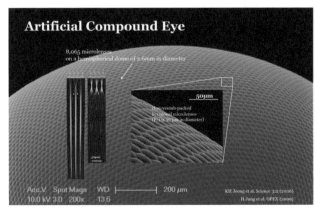

곤충 눈을 모사한
인공겹눈
KAIST 정기훈 교수 연구실

(5) 세대 간의 모방(Generational Biomimicry)

세부적으로 생태학적 기구, 유전학적 기구, 행동/문화 기구, 전공학으로 나뉜다. 자기 새끼에게 수영을 가르치는 어미 돌고래의 행동이 바로 세대 간 모방의 하나이다. 그밖에 대표적인 예는 최적화 문제를 풀기 위해 유전자 진화를 응용한 유전자 알고리즘 개발이 있다.

새끼에게 수영을 가르치는 돌고래

⑤ 국제표준화기구(ISO) 활동

자연모사기술 분야는 현재 독일, 일본 등 제조산업 선진국을 중심으로 국제표준화 활동이 진행되고 있다. 독일 공학자 협회의 주도로 2012년 최초로 국제표준화기구에서 '바이오미메틱스 기술위원회(ISO/TC 266 'Biomimetics')'가 설립되었으며, 'Biomimetics'를 규정하고, 이를 활용한 기술과 제품의 활용이 산업 전반에 널리 적용되는 것을 그 목적으로 하고 있다.

2012년 10월에 1차 총회가 독일 베를린에서 개최된 이후, 프랑스 파리(2차, 2013년 5월), 체코 프라하(3차, 2013년 10월), 벨기에 리에주(4차, 2014년 10월), 일본 교토(5차, 2015년 10월)에 이어 2016년부터 2018년까지 6~8차 총회는 독일 베를린에서 개최되었다. 2019년에는 영국 에딘버러에서 9차 총회가 개최되었다. 현재 4개의 작업 그룹(Working Group)으로 구성되어 있어 관련 국제 표준을 제정한 바 있다.

국내에서는 한국기계연구원을 중심으로 국내 내부 전문가 미러커미티(Mirror committee) 활동과 함께 1차 총회부터 국제표준화 회의에 참석하여 왔

WG	1	용어 및 방법론(국제표준 ISO 18458:2015)
WG	2	구조 및 재료(국제표준 ISO 18457:2016)
WG	3	생체모방 구조 최적화(국제표준 ISO 18459:2015)
WG	4	생체모방 지식기반(Knowledge infrastructure)

으며, 작업 그룹 전문가 활동을 통해 국내 자연모사기술 현황 등이 기술위원회 사업 계획서에 포함되고 국제표준에 반영되도록 했다.

국제표준화 활동의 대표적인 의의는 최근 들어 소비자들이 제품의 환경친화성, 지속가능성 등에 관심을 두고 구매활동을 벌이며, 많은 제조사에서 자연모사/생체모방 키워드를 제품의 환경친화성, 지속가능성을 드러내기 위해 사용하고 있다는 점을 들 수 있다. 또한 제조 선진국을 중심으로 자연모사/생체모방기술의 확산과 더불어 진정한 자연모사기술이 적용된 제품을 향후 인증할 것이라 예상되는 점도 있다.

현재 생체모방기술위원회는 다양한 기술들 및 생물자원의 데이터베이스를 구축하고 이를 활용하는 방안에 대한 작업 그룹 활동이 일본을 중심으로 활발하게 진행되고 있다. 국내에서도 다수의 연구자들이 자연모사기술 연구를 진행하고 있으나 아직 국제표준화에 대한 인식 부족으로 적극적인 참여가 부족한 상황이다. 아직 초기 상태인 생체모방기술위원회에 새로운 작업 그룹 설치 및 국제표준 제안 등을 통해 향후 자연모사원천기술이 국제시장 경쟁력을 갖도록 노력할 필요성이 있다.

ISO에서는 새로운 아이디어에서 발명에 이르기까지의 과정을 생체모방 개발 프로세스로 설명하고 있으며, 그 중 아이디어 개발 단계를 '생물학 밀기(Biology Push)'와 '기술 견인(Technology Pull)'의 두 가지로 나누어 설명한다.

먼저 생물학 밀기는 생체모방 개발 프로젝트에서 새로운 아이디어를 개발하는 출발점을 생물학 및 기초 연구 분야의 지식이라고 설명한다. 생물학 밀기는 차세대 기술 응용을 위한 솔루션 제공을 가능하게 한다.

기술 견인은 생물학 밀기와 대조적으로 생체모방 개발의 출발점을 기술적 문제점 제시로 본다. 이 경우 목적은 이미 시장에서 성공적으로 확립된 기존 기술 제품에 대한 생체모방 혁신을 찾는 것이다. 기술 견인의 동기는 기존 제품 또는 프로세스를 개선하고 다듬는 것이라 할 수 있다.

생체모방 개발 프로세스 흐름도
출처 : Fraunhofer UMSICHT/BIOKON)

⑥ 온톨로지와 정보공유

　일반인에게는 다소 생소한 온톨로지라는 용어가 있다. '온톨로지(Ontology)'는 존재라는 의미의 그리스어 'Onto'와 학문을 뜻하는 'Logia'의 합성어로써 사물의 존재 의미를 논의하는 철학적인 연구 영역을 말한다. 우리말로는 '존재론'으로 번역되는 온톨로지는 '이 세상에는 어떤 종류의 실체들이 존재하는가, 그들의 본질은 무엇인가 실체들 사이에는 어떤 관계가 있으며, 그 실체들로부터 세상은 어떻게 구성될 수 있는가' 등을 생각하는 학문 분야를 말한다. 단순한 데이터 구조를 규정하는 것이 아닌, 그 대상 세계의 본질적인 성질을 파악하고 개념화하는 것으로 영역을 초월하는 지식의 체계화를 지향한다.

　인간은 오래 전부터 간단한 측정 단위의 표준을 만드는 데 많은 노력을 기울여 왔다. 현대 사회가 지식사회로 발전함에 따라 일반적인 지식들을 표준화하기 위해서는 많은 사람들의 노력과 합의가 이루어져야 한다. 어떤 실체를 보고 여러 사람이 각기 다른 용어로 표현하더라도 그 본질은 항시 변하지 않고 존재한다는 생각이 곧 온톨로지의 출발점이다.

인공지능, 지식공학, 자연어 처리, 시멘틱웹(컴퓨터가 정보의 의미를 이해하고 그 의미를 조작할 수 있는 웹으로써 기존의 웹으로는 불가능했던 데이터의 자동처리를 가능하게 하는 웹 기술) 등 정보기술 분야에서 온톨로지는 각각의 지식 또는 개념이 전체 지식체계 중 어디에 위치하는지를 밝히고, 어떤 단어와 단어 사이의 상관관계를 빠르고 편하게 검색할 수 있도록 돕는다.

온톨로지는 컴퓨터가 인간의 지식체계를 갖도록 개념화시키는 작업이다. 이는 프로그램과 인간이 지식을 공유하는 데 도움을 주며, 정보시스템의 대상이 되는 자원의 개념을 명확하게 정의하고 상세하게 기술하여 보다 정확한 정보를 찾을 수 있도록 하는데 목적이 있다. 합의된 지식을 나타내므로 어느 개인에 국한되는 것이 아니라 그룹 구성원 모두가 동의하는 개념이 되어야 한다.

웹의 급속한 발달로 인해 좀 더 정교하고 지능화된 검색을 필요로 하게 되었다. 정보 검색 분야에서 온톨로지는 용어 모음이나 동의어 사전 형태만으로도 불필요한 오류를 방지할 수 있고, 더욱 풍부한 검색 서비스를 제공하여 검색 효율도 높일 수 있다. 어휘 간의 의미 모호성으로 인해 발생되는 충돌을 방지시켜주며, 같은 개념에 대한 다른 어휘를 연결시켜줌으로써 특정 개념을 더욱 상세하고 관련성 높은 정보로 제공해준다.

서로 다른 분야의 학문과 기술이 합쳐져서 새로운 시너지를 내는 융합 분야가 성공하기 위해서는 각 분야를 초월한 다양한 지식과 데이터베이스의 연결과 공유가 무엇보다도 필요하다. 특히, 생물학과 공학이 융합된 자연모사기술과 공학의 각 분야에서 데이터나 지식의 상호 운용성 확보가 필수적이다. 전혀 다른 영역의 공통성을 도출하여 적절하게 개념화하고 지식의 통합화가 요구되는 점이 타 분야의 융합에서는 볼 수 없는 특색이라고 할 수 있다.

자연 생명체에 대한 생물학적인 지식과 재료/공정/시스템 기능설계와 같은 공학적인 지식을 유기적으로 통합하고 영역의 경계를 초월하여 지식의 상호유통을 실현하기 위해서는 서로의 의미를 깊게 고려한 공통적인 개념구조의 분류가 무엇보다도 중요하며, 인공물과 자연물의 기능에 관한 철학적 고찰의 식견을 되살려 공학적 제품과 생명체의 기능을 공통적인 기능모델로 표현하여야 한다.

온톨로지 공학은 지식기반을 구축하는 개념화의 방법론을 제공해준다. 자연모사-온톨로지의 구조를 이용한 데이터베이스 개발은 서로 다른 분야를 융합하는 지식 구조화의 실천적인 예로써 학술적·사회적인 양면에서 의

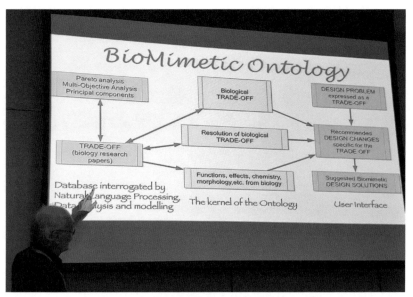

바이오미메틱 온톨로지에 대해 강연하는 영국의 빈센트 교수(2019. 9)

미 깊은 공헌을 달성할 것으로 기대되고 있다. 자연모사-온톨로지의 도입은 각 데이터베이스 간의 연계를 가능하게 하며, 분야 간 상호 다른 점을 의식하지 않고 경계를 뛰어 넘는 자유로운 통합검색 시스템의 개발에 큰 도움이 되고 있다.

온톨로지는 대상 세계에 나타나는 개념이나 관계를 정리한 것이므로 개념이나 관계를 공통 어휘로 표현함으로써 복수의 데이터베이스 간에 유사한 용어 표기를 막고 시스템 사이를 뛰어 넘어 검색하는 것을 가능하게 한다. 온톨로지 공학은 대상 세계에 따라 각각 발생하는 근원적인 개념구조를 명시함으로써, 해당 분야의 지식을 체계화하는 데 기여할 수 있는 새로운 이론이자 기술로 주목받고 있다. 최근 자연모사기술에 대한 관심이 높아지는 가운데 생물학자와 공학자가 가진 서로 다른 지식과 정보를 공유하고 눈높이를 맞추는 데 온톨로지 공학이 일익을 담당하기를 기대해 본다.

"인간이 창조한 모든 것은
이미 자연이라는 위대한 책 안에 있다."

(Anything created by human being is already in the great book of NATURE)

(안토니오 가우디, 1852~1926)

제 4 장

자연에서 영감을 얻은
디자인과 건축물

① 도토리거위벌레의 기계공작법

　도토리묵의 재료로 우리에게 친숙한 도토리는 참나무과에 속하는 떡갈나무, 신갈나무, 졸참나무, 굴참나무, 상수리나무, 갈참나무에서 나오는 열매를 통틀어 이르는 말이다. 8월 하순경 참나무가 있는 숲길을 걷다 보면 도토리가 달려있는 작은 나뭇가지가 땅 위에 떨어져 있는 모습을 흔히 볼 수 있는데, 이제까지는 다람쥐나 청설모의 소행으로 잘못 알려졌으나, 실제로는 1 cm도 채 되지 않는 도토리거위벌레라는 조그만 곤충에 의한 것으로 밝혀졌다.

　딱정벌레목 거위벌레과에 속하는 도토리거위벌레는 주둥이로 도토리에 구멍을 뚫고 알을 낳은 후 도토리가 달린 나뭇가지를 잘라 땅으로 떨어뜨린다. 알에서 부화한 유충은 도토리 과육을 먹고 성장한 후에 땅 속으로 들어가 월동하고, 이듬해 5월 하순께 번데기가 되며 3~4주 후에 성충으로 성장한다. 도토리 열매에 구멍을 뚫는 주둥이의 모습이 마치 거위의 목과 부리를 닮았다고 하여 도토리거위벌레라는 특이한 이름을 가지고 있다.

도토리거위벌레의 모습

　도토리가 달린 가지는 알이 충격을 받지 않도록 나뭇잎이 몇 장 달린 채로 잘려져 땅 위로 떨어지며, 잎이 시들 때까지 광합성 작용이 계속되어 알에서 깨어난 애벌레가 신선한 과육을 충분히 섭취하는 데 도움을 준다.

　도토리거위벌레는 도토리에 구멍에 내는 작업과 도토리 속에 알을 낳기 위해 구멍 속을 넓히는 작업, 그리고 나뭇가지를 자르는 일을 하나의 주둥이로 모두 해결하고 있다. 다시 말하면 구멍을 뚫고, 구멍을 넓히고(확공), 가지를 자르는 작업을 하나의 도구로 성공적으로 수행하는 아주 뛰어난 능력을 가지고 있다.

잘려진 참나무 가지와 도토리

이런 도토리거위벌레의 확공 원리를 모사한 새로운 드릴이 생태연구자들과 공학자들의 공동연구로 개발되어 다양한 분야에 응용될 것으로 기대되고 있다. 의료용으로 활용되어 생체 내의 넓은 이상 조직을 최대한 손상 없이 제거할 때 사용 가능하다.

　또 다른 분야로는 사용 종료된 쓰레기 매립지의 안정화 공정에 응용 가능하다. 매립지의 안정화는 굴착 시 발생하는 유독성 매립 가스, 악취 발생 등의 혐기성 환경에 공기를 주입시켜 호기성 환경으로 바꿔주는 과정을 말한다. 도토리거위벌레에서 영감을 얻은 확공용 굴착 공법을 이용하여 유독가스의 누출을 줄여주며 작업시간을 단축하는 효과를 거둘 수 있는 생태모방 확공용 굴착공법에 관한 연구도 현재 진행 중에 있다.

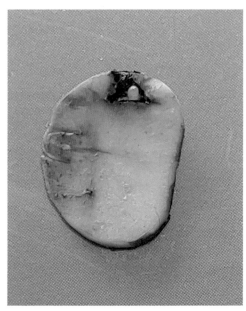

도토리거위벌레 알의 모습(도토리 단면)

② 상어 피부는 LOHAS

지구에 3억 7천만 년 전부터 살아 온 상어는 화석의 상태로 볼 때 현대의 상어와 별 차이가 없는 것으로 알려져 있다. 다른 어류들은 다양하게 진화해 온 것에 반해 상어는 오랜 세월동안 특별한 진화 없이도 생존할 수 있는 특성이 이미 있었음을 방증해준다.

연골어류에 속하는 상어는 뼈가 부드럽고 가볍기 때문에 부력과 운동성이 뛰어나다. 경골어류는 아가미에 들어온 물이 잠시 머무르는 사이에 산소를 흡수하는 반면, 상어는 입으로 들어온 물이 머무르지 않고 아가미구멍으로 빠져나가는 순간 산소를 흡수한다. 따라서 상어는 호흡하기 위해 쉬지 않고 헤엄쳐야 하며, 움직이지 않는 상어는 곧 죽게 된다. 상어는 생존을 위해 끊임없이 빠르게 움직여야 하고, 이를 위해 물의 저항을 줄여주는 피부를 가지도록 진화된 것으로 생물학자들은 분석하고 있다.

스포츠 분야에 상어 피부를 모사한 기술이 실제로 응용되어 세간의 관심을 끈 일이 있다. 수영 선수들이 상어 피부를 모사하여 물의 저항을 5%나 줄인 전신 수영복을 입고 세계 신기록을 연이어 수립하여 '기술도핑' 논란을 일으킨 것이다. 선수들의 능력과 노력보다는 수영복에 접목된 기술력에 따라 기록이 갱신되는 불합리성을 타파하고자 국제 수영연맹은 이 첨단 수영복의 착용을 금지하게 되었다.

상어 비늘을 모사한 항균 및 오염 방지 표면 패턴

작은 미세 돌기를 지닌 상어 피부는 유체저항을 줄여주는 효과 외에도 세균에 대한 높은 저항력을 나타낸다. 이를 활용하여 상어 피부 패턴 모양을 지닌 필름 제품을 개발했고, 세균이 번식하지 않도록 항상 청결한 상태를 유지해야 하는 곳에 부착되어 사용되고 있다. 제품 표면에 상어 피부의 미세 돌기 패턴 모양을 새겨 세균의 서식을 억제하는 기술도 개발되고 있다.

상어 피부의 또 다른 특징 중 하나인 따개비나 해조류 등이 잘 붙지 않는 방오(Anti bio-fouling) 성능을 선박에 적용한 사례도 있다. 선박용 방오 페인트는 대부분 금속 성분이 포함된 화학적 코팅이므로 독성을 지니고 있어 수질 오염과 물속 생태계에 악영향을 끼쳐 환경 문제를 야기하는 것으로 알려져 있다. 상어 피부를 모사한 선박용 코팅제가 개발되어 해조류나 따개비의 부착을 줄여 선박 운행 시 소요되는 연료비를 대폭 줄이고, 생물체 제거에 소요되는 많은 경비도 절감할 수 있게 되었다. 최근 표면에 미세한 주름을 발생시키는 방법으로 우수한 방오 특성을 나타낸 연구 결과도 발표된 바 있다.

지구상에 오랜 세월동안 살아 온 상어는 인간생활을 건강하고 지속가능하게 하는 'LOHAS(Lifestyle of Health and Sustainability)'를 실현하는 데 많은 정보를 제공해주고 있다. 미래에도 상어로부터 많은 영감을 얻어 새로운 신기술 제품들이 개발되기를 기대해본다.

③ 자연에서 영감을 얻는 '블루골드' 물 산업

　인류 문명의 4대 발상지인 황하문명, 인더스문명, 티그리스·유프라테스 강 유역의 메소포타미아문명, 그리고 나일강변의 이집트문명 등은 모두 풍족한 물을 공급받을 수 있는 큰 강가에서 시작되었으며, 관개 농업과 생활에 필요한 물이 풍족하고 교통이 편리한 지역이라는 특징을 가지고 있다.

　물은 모든 생명의 근원이며, 인류를 비롯한 모든 동식물의 생존과 생활에 필수적인 소중한 자원이다. 나사의 화성 탐사 로봇 큐리오시티가 화성 표면의 흙을 가열하여 얻어낸 증기 2%가 물로 확인되어 생명체 존재에 대한 기대감을 더욱 높여주고 있듯이 외계 생명체의 존재 여부는 항상 물과 결부시켜 논의된다.

　유엔은 1992년 브라질에서 열린 환경개발회의의 권고를 받아들여 같은 해 11월에 열린 유엔총회에서 매년 3월 22일을 『세계 물의 날』로 제정했다. '물은 인권의 문제이며 하루 20리터의 물은 모든 인간이 누려야 할 권리'라고 선언하고, 수자원 보존과 먹는 물 공급의 중요성을 널리 알리고 있으며,

정부·국제기구·비정부기구·민간부분의 참여와 협력을 증진시키고 있다.

그리스의 자연주의 철학자인 탈레스(Thales)는 물은 만물의 근원(아르케: Arche)이자 생명의 원천이라고 주장하였다. 지구의 70%는 바다, 강, 호수 등의 물로 채워져 있으며, 우리의 몸 또한 약 70%가 물 성분으로 구성되어 있다. 물은 생명체의 생존을 위한 필수 전제조건이며, 지구상에 존재하는 가장 소중한 자원이라는 측면에서 경제학자들은 20세기가 석유의 시대였다면 머지않은 장래에는 물이 그 자리를 차지할 것으로 전망하고 있다.

지구상의 물의 총량은 약 14억km³이며, 이 중 97.5%가 바닷물, 나머지 2.5%가 민물이지만, 이마저도 70%가 빙설로써 실제로 사용할 수 있는 물은 극히 적은 양이다. 인간이 사용할 수 있는 지구상의 물은 한 해에 9천km³이며, 이 중 인간이 실제 쓰는 양은 절반에 지나지 않는다. 국민 1인당 연간 담수량을 기준으로 2천m³ 이상은 물 풍요 국가, 1천m³ 미만은 물 기근 국가, 그리고 그 중간은 주기적인 물 압박을 경험하는 물 부족 국가로 분류되어 있으며, 우리나라는 물 부족 국가에 포함되어 있다.

세계 물 부족 인구는 현재 10억 명에서 2025년에 25억 명, 2050년에는 50억 명에 이를 것으로 예상되고, 이를 해결하기 위한 물 관련 산업은 2025년

생산에 필요한 물의 양

(단위: L)

감자 한 알(100g)	25
커피 한 잔(125ml)	140
햄버거 한 개(150g)	2400
쇠고기(500g)	7750
청바지 한 벌(평균)	1만 1000
자동차 한 대(평균)	40만

에는 8,700억 달러까지 성장할 것으로 예상되고 있다. 이와 같은 물 산업의 성장을 뜻하는 '블루골드(Blue Gold)'라는 용어가 있는데, 2008년 다우케미칼 사장인 앤드류 리버리스(Andrew Liveris)가 '물은 21세기의 석유'라는 의미로 사용하면서 만들어졌다. 인류 역사상 최고의 문명을 이룩한 지금, 전 세계적인 물 부족 현상이 문명의 지속적인 발전, 나아가 존립 자체를 위협하고 있는 실정이다.

사막과 같은 건조지역에 사는 동식물은 물 확보를 위한 나름의 생존전략을 가지고 있다. 아프리카 나미브 사막에 사는 딱정벌레는 등껍질에 공기 중의 수분이 이슬로 맺혀 주둥이로 흐르게 함으로써 생존에 필요한 물을 섭취하는 것으로 알려져 있다. MIT 연구팀은 딱정벌레가 지닌 친수와 소수 성질을 지닌 울퉁불퉁한 등껍질 구조를 모사하여 안개 속에서 수증기를 물로 포집하는 연구를 수행하였으며, 영국에서는 물을 싫어하는 소수 성질을 지닌 표면 위에 물을 좋아하는 친수 패턴의 크기와 간격을 적절히 조절하여 최대로 수분을 수집하는 연구가 수행된 바 있다.

등껍질에 이슬을 맺혀
생존하는 나미브 사막의
딱정벌레
©2017, Farnaz Heidari

독일의 한 연구자는 나미브 사막의 대표적인 자생식물인 나미브사구 부시맨잔디가 안개 속에서 잎 표면당 $5L/m^2$의 물을 수집한다는 연구 결과를 얻어 사막에서의 생존 비밀을 밝힌 바 있다. 사막에 서식하는 가시도마뱀은 몸 전체에 뒤덮여 있는 아주 작은 돌기를 이용하여 물을 모으고 돌기 사이에 있는 미세한 구멍을 통해 모은 물을 섭취하는 비밀을 가지고 있다.

호주 사막에 서식하는 가시도마뱀
©2013, Stu's Images

담수를 구하기 어려워 바닷물을 직접 섭취할 수밖에 없는 갈매기나 펭귄은 체내에 농축된 소금을 체외로 방출하는 특수한 소금샘을 지니고 있으며, 바다 포유류들도 소금 성분만 따로 걸러내어 농축시켜 오줌으로 내보내는 특수한 신장을 가지고 있다. 바닷가 열대 밀림 지역에 서식하는 맹그로브 나무는 뿌리에서 소금을 걸러주는 기능을 가진 필터 조직이 있으며, 수액의 염도는 일반 식물의 10배 이상으로써 나뭇잎에 소금을 배출할 수 있는 샘을 가지고 있다.

캐나다에 본부를 두고 있는 자선단체인 '포그퀘스트(FogQuest)'에서는 생물체의 물 포집 원리를 이용하여 만든 안개망을 고산지대에 설치하여 물 부족을 겪고 있는 저개발 국가를 지원하는 데 앞장서고 있다.

안개와 구름 속에서 하루에 200리터의 물을 수집하는 포그퀘스트의 물 수집망
http://www.fogquest.org/

흔히 소중함을 모르고 아낌없이 함부로 사용한다는 의미로 '물 쓰듯 한다'라는 속담이 있다. 이대로 가다가는 머지않은 장래에는 '돈 주고도 사기 어렵고 돈보다도 훨씬 소중한 물'이라는 말로 바뀌게 될지도 모른다. 기후변화와 환경 부담에 대한 경각심을 높이기 위해 각종 농산품/공산품에 탄소배출량을 표시하듯이 생산에 필요한 물의 양을 표시하여 물의 소중함도 널리 알릴 필요가 있다.

물은 미래에 가장 소중한 자원이 될 것이 분명하다. 인류의 생존과 번영을 위협하는 물 문제에 대비하기 위하여 물을 소중히 다루고 아끼는 습관은 물론이고, 친환경적이고 효율적으로 물을 포집하여 생존하는 자연 생명체의 지혜를 본받아 인간생활의 지속가능성을 높여야 하겠다.

④ 물총새와 고속 열차

지구상의 각 생명체들은 생존을 위해 오랜 세월 동안 최적의 상태로 진화 발전되어 왔으며 저마다 경이로운 생존전략을 지니고 있다.

하늘을 날고자 하는 인간의 꿈은 레오나르도 다빈치의 스케치를 시작으로 20세기 초 라이트 형제에 의해 실현되었으며, 이후로도 새의 날개 모양과 날갯짓은 자연모사기술을 연구하는 많은 과학자들의 연구 대상이 되어 왔다. 물가에 서식하는 물총새는 빠른 속도로 다이빙하여 물고기를 잡아먹는 능력을 가지고 있다. 물총새의 뾰족한 부리 형상이 물의 저항을 최소화하는 생존 전략을 가지고 있는 것이다. 이러한 부리 형상을 고속 열차의 앞부분 설계에 적용하여 열차 소음을 줄이고 에너지 효율을 높인 사례가 보고되어 있다.

빠른 속도로 달리는 고속 열차의 공기 저항을 최소화하고 터널 진입 및 빠져 나올 때의 충격파를 최소화하기 위하여 공학자들은 최적형상 설계에 많은 노력을 기울인다. 속도 320 km/h로 주행하는 서일본철도회사의 신간선 고속 열차는 터널을 빠져 나올 때 발생하는 엄청난 충격파와 소음으로 인해 주위 주민들에게 큰 불편을 초래했다.

신간선 열차의 설계 책임자이자 새를 유난히 좋아했던 에이지 나카츠는 '자연에 두 개의 다른 매질 사이를 빠르고 매끄럽게 지나갈 수 있는 무언가가 없을까?' 하고 고민한 끝에 물고기를 잡기 위해 물속으로 다이빙할 때 물 튀김이 거의 없는 물총새의 부리에서 영감을 얻어 열차 앞부분 형상 설계에 적용했다. 이로 인해 소음 저감은 물론이고, 10%의 속도 향상과 15%의 전력 사용 저감 효과를 거두어 대표적인 생체모방기술의 성공적인 사례로 자주 소개되고 있다.

물총새(Kingfisher)

물총새 부리를 모사한 일본 신간선 고속 열차

국내에서 개발된 차세대 고속 열차인 '해무(HEMU)-430X'는 '동력 분산식 차량(High Speed Electric Multi Unit)'의 영어 약자이며, '상서로운 바다의 안개'란 뜻을 담고 있다. 시속 430 km로 우리나라 전 지역을 90분대 권역으로 묶을 수 있으며, 프랑스(575 km/h), 중국(486 km/h), 일본(443 km/h)에 이어 세계에서 네 번째로 빠른 고속 열차이다. 국내 순수 기술로 개발된 고속 열차인 'KTX-산천'도 우리나라 강에 서식하는 산천어의 형상을 닮아 붙여진 이름이다. 해무는 바람의 저항을 최소화하는 설계를 통해 300 km/h에서 공

산천어
©2018, Gaeho77

KTX-산천

기 저항을 약 10% 감소시켰다.

이처럼 오랜 세월동안 진화 발전되어 온 자연의 생명체는 최소의 노력으로 최고의 성과를 거두는 최적의 효율적인 시스템으로 고속 열차의 개발에도 큰 영감을 주고 있으며, 여러 산업 분야로의 응용이 기대되고 있다.

⑤ 반딧불이와 나방에서 발견한 '무반사' 나노 구조

  어린 시절의 동심을 불러일으키는 반딧불이는 천연기념물로 지정되어 환경의 소중함과 더불어 자연의 신비함을 더해주는 곤충이다. 반딧불이는 지구상에 5~7천만 년 전부터 존재해왔으며, 극지방을 제외한 세계 전 지역에 약 2,000종이 서식하고, 국내에는 7~8종이 있는 것으로 알려져 있다. 반딧불이는 '개똥벌레'라고도 불리는데 환경오염에 유난히 약해 대표적인 환경지표 곤충으로 손꼽히고 있다.

  밤하늘에 반짝이는 반딧불이의 불빛은 짝짓기를 위한 신호이다. 반딧불이는 배 부위에 있는 발광세포에 의해 생성되는 '루시페린(Luciferin)'이라는 화학물질을 가지고 있는데, 생체에너지인 ATP와 루시페라제(Luciferase)라는 분해 효소에 의해 빛을 발현한다. 이때 발현되는 빛을 더욱 밝게 하기 위하여 발광기관의 외피는 특수한 구조를 가지고 있다. 즉, 규칙적인 나노 구조 형태를 지님으로써 안에서 발광되는 빛이 밖에서 잘 보이도록 되어 있는 것이다.

반딧불이 발광체

LED 렌즈 표면에 반딧불이 발광기관의 외피와 같은 나노 구조를 구현함으로써 LED의 조명 효율을 높인 연구결과가 국내 연구진에 의해 발표되어 눈길을 끌었다. 3차원 미세 몰딩기법을 이용하여 곡면의 LED 렌즈 표면에 나노 구조를 가공하여 별도의 반사 방지 코팅처리를 하지 않아도 되는 효과를 거둔 것이다.

이러한 나노 구조는 나방의 눈에서도 발견할 수 있다. 나방은 나비와 가까운 친척 관계이지만 주로 밤에 활동하며 칙칙한 색상을 지니고 있어 늘 부정적인 이미지로 인식되고 있다. 나방은 천적으로부터 눈에 띄지 않기 위해 특수한 눈 구조를 가지고 있다. 나방의 눈을 전자현미경으로 확대해 보면 규칙적인 나노 구조 형태를 지니고 있어 빛이 반사되지 않으며, 이러한 현상을 '나방 눈 효과'라 부른다.

나방 눈의 원리를 응용한 나노공정기술로 유리 표면에 규칙적인 나노 돌기를 만들어 줌으로써 빛의 반사를 줄여주는 기술이 국내에서 개발되었다. 태양전지의 커버 유리에 이 기술을 적용하면 햇빛의 반사를 줄여 발전 효율을 높일 수 있으며, 핸드폰 액정 유리에 적용하면 보다 선명한 화면을 볼 수 있을 것으로 기대된다.

정보통신기술의 성장과 발전과 함께 사용 빈도가 더욱 높아진 디스플레이, LED 산업과 태양전지 산업에 나노 구조를 이용한 무반사 표면기술을 적용하면 에너지 절감은 물론이고 시인성에서 더 좋은 효과를 달성할 수 있을 것이다.

반딧불이와 나방은 똑같은 무반사 나노 구조를 가진 자연 생명체이지만 각기 다른 생존 전략으로 적응해 왔으며, 이는 인류에게 큰 공학적 영감을 주고 있다. 인간에게 꿈을 심어주는 정서 곤충인 반딧불이와 알고 보면 밉지 않은 곤충인 나방, 두 곤충이 우리 곁에 더욱 오래 머무를 수 있도록 자연 환경 보존에도 큰 관심을 기울여야 하겠다.

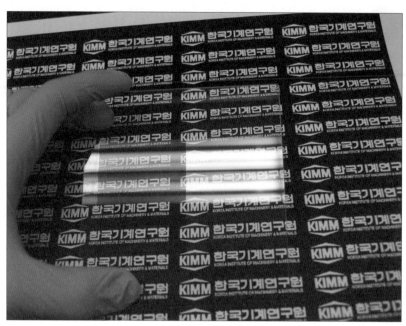

'나방 눈 효과' 무반사 유리(왼쪽)와 일반 유리(오른쪽) 비교

6 자연의 황금비율, '해바라기꽃'의 비밀

여름철 따가운 햇살에 아름답게 피어나는 해바라기꽃을 자세히 들여다보면 여러 가지 신비로운 비밀이 숨어 있음을 알 수 있다. 하나의 큰 꽃으로 보이는 해바라기의 바깥쪽은 여러 장의 노란 꽃잎이 가지런히 배치되어 있으며, 안쪽에는 많은 수의 작은 꽃이 모여 원반 모양을 이루고 있다. 바깥쪽 혀 모양의 노란 꽃잎을 '설상화(舌狀花)'라고 하고, 안쪽의 대롱처럼 생긴 작은 꽃들을 '관상화(管狀花)'라고 부른다. 설상화에는 꽃술이 없어 열매가 맺히지 않으나, 관상화는 암술과 수술이 있어 나중에 해바라기 씨가 맺히게 된다. 꽃대 끝에 여러 개의 작은 꽃이 뭉쳐서 하나의 머리 모양을 이룬 꽃을 '두상화(頭狀花)'라고 부르며, 해바라기꽃은 국화, 민들레꽃 등과 함께 두상화에 속한다.

해바라기의 관상화를 이루는 작은 꽃의 배열은 정교한 기하학적 나선형 모양을 이루고 있으며, 이 배열에 따라 해바라기 씨가 채워지게 된다. 해바라기 씨는 동일한 공간에 가장 많은 수가 채워질 수 있는 배열로 최적화되어 있는데, 이 나선의 수는 '피보나치 수열'과 완벽히 일치하는 배열을 가지고 있다. 피보나치 수열이란, '한 쌍의 토끼가 2개월 성장한 후에 한 달에 한 쌍의 토끼를 계속 낳을 경우, 매달 전체 토끼 수가 1, 1, 2, 3, 5, 8, 13, 21, 34, 55쌍…으로 불어나는 숫자'를 뜻하며, 임의 달에 살고 있는 토끼의 수는 앞선 두 달의 수를 합한 값이 된다.

선분의 황금비율

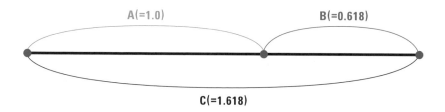

전체 길이가 C인 선분이 긴 부분 A와 짧은 부분 B로 나뉠 때 황금비율은 C:A = A:B가 되는 값으로 A가 1일 때 C는 1.618, B는 0.618이 되며, 마찬가지로 원리로 원에서의 황금각도는 137.5도가 된다. 피보나치 수열은 고차항으로 갈수록 앞선 항과의 비율이 1.618의 값에 수렴하게 되어 황금비율에 가깝게 됨을 알 수 있다.

해바라기꽃의 나선은 종류에 따라 시계방향 13개, 반시계 방향 21개(비율 1.615), 또는 21개와 34개(비율 1.619)로써 모두 피보나치 수열과 일치한다. 자연에 존재하는 피보나치 수열에 따르는 나선형 모양은 솔방울과 파인애플에서도 쉽게 찾아볼 수 있으며, 피보나치 수열로 설명할 수 있는 모든 자연현상에는 항상 황금비율의 비밀이 숨어 있음을 알 수 있다.

해바라기꽃의 나선형 배열
©2010, Stig Nygaard

솔방울의 피보나치 수열(시계방향 8, 반시계방향 13)

해바라기꽃의 나선형 모양을 모방하여 태양광 반사 거울을 배열함으로써 집광형 태양열 발전소의 설치 면적을 20%나 줄여 준 사례가 눈길을 끌고 있다. 미국과 독일의 공동연구진은 컴퓨터시뮬레이션을 통해 해바라기의 작은 꽃(관상화)들이 주변 꽃에 가리지 않도록 황금각인 137.5도를 유지하면서 성장하여 최적화된 나선형 배열을 가지고 있다는 점을 밝히고, 태양열 발전소 건설에 필요한 부지와 비용을 최소화하였다.

황금비율과 피보나치 수열이 자연 현상에 나타나는 원인에 대해서는 어느 누구도 아직 명쾌한 해답을 제시하지 못하고 있지만, 인류는 해바라기꽃이 지닌 비밀을 이미 잘 활용하고 있으며 머지않은 장래에는 피보나치 수열에 따르는 자연 현상에 대한 비밀도 풀어나갈 수 있을 것이다.

⑦ 얀코디자인의 자연모사기술 10선

미국의 디자인 전문 웹진인 「얀코디자인(Yanko Design Web Magazine, http://www.yankodesign.com/)」에서는 '자연으로부터 영감을 얻어 제품 개발에 응용한 10가지 혁신적인 설계' 사례를 발표한 바 있다. 대부분 자연모사기술 분야에서 잘 알려져 있는 사례로써 아이디어 차원이 아닌 실제 제품에 응용된 기술이므로 그 의미가 크다고 할 수 있다.

(1) 거북복을 모사한 벤츠 자동차

벤츠 자동차가 2005년에 발표한 콘셉트카는 거북복의 형상을 모사하여 65%나 낮은 공기저항계수를 기록했다. 형상은 비록 투박해 보이지만 실제 공기역학적으로 우수한 특성을 실험으로 입증하였다.

거북복
©2007, Norbert Potensky

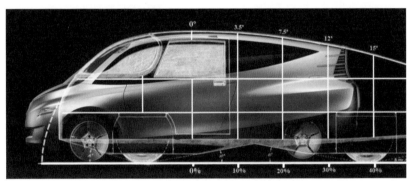

거북복의 형상을 모사한 벤츠 콘셉트카(2005)
©2013, Ryan Somma

(2) 거미와 문어를 모사한 필립스의 웹카메라

플린 프로덕트 디자인(Flynn Product Design)에서 개발한 필립스의 웹캠은
거미와 문어의 형상을 지닌 다리를 가지고 있어 원하는 곳에 자리잡기가 용
이한 구조로 설계되어 있다.

(3) 몰포나비를 모사한 몰포텍스(Morphotex) 섬유

몰포나비 날개는 굴절률이 1.4~1.5인 단백질 성분의 라멜라층과 공기층이 규칙적으로 80 nm와 150 nm 두께의 적층구조로 되어 있어 간섭색으로 파랑색이 발현된다. 이러한 색상발현기술은 물감이나 염료의 사용 없이 생생한 색상을 낼 수 있어 친환경 청정 기술과 밀접한 기술 분야이다.

몰포나비의 날개

(4) 연잎 표면을 모사한 로투산(Lotusan)의 페인트

연잎의 표면은 물기와 먼지 등 이물질이 남아 있지 않고 항상 깨끗한 상태를 유지한다. 이는 표면에 있는 미세한 돌기들과 물을 싫어하는 성질의 물질이 존재하는 초발수 특성 때문이다. 독일의 로투산에서는 초발수 특성을 나타내는 페인트를 개발하여 자기세정 효과를 보이고 있다.

연잎의 초발수성

로투산 페인트

(5) 페스토(Festo)의 가오리 형상 비행체, 에어레이(Air-Ray)

자동화기기 전문업체인 페스토에서는 쥐가오리 형상을 모사한 풍선 비행체, '에어레이(Air-Ray)'를 개발하였다. 이 비행체에는 헬륨 기체가 채워져 있으며, 원격조정이 가능한 날개가 달려 있어 유연한 비행 솜씨를 보인다.

쥐가오리

페스토 사의
에어레이
(Air-ray)
©Festo AG & Co

(6) 펭귄을 모사한 수중 로봇

펭귄의 형상을 모사하여 개발된 '아쿠아펭귄(AquaPenguin)'은 수중에서 자율 유영과 군집 활동 시 차별화된 다양한 행동 패턴이 가능하다. 벽 또는 다른 펭귄과의 충돌을 막기 위해 돌고래의 수중음파탐지기술이 적용되고 있으며, 환경 모니터링 분야에 응용이 기대되고 있다. 독일 페스토사에서 개발하여 하노버 메세(Messe)에 전시되었다.

페스토사의 아쿠아펭귄(AquaPenguin)
©Festo AG & Co

(7) 물총새 부리를 모사한 일본의 고속 열차

물총새가 먹이를 잡기 위해 부리부터 효과적으로 잠수하는 모습에서 영감을 얻은 것으로, 고속 열차가 터널을 진입할 때의 충격을 최소화하기 위해 열차의 전두부 설계 형상에 응용하였다.

(8) 백합꽃을 모사한 구심나선형상

팍스 테크놀로지(Pax Technology)는 백합꽃의 '구심나선(Centripetal spiral)'형상이 액체의 흐름을 원활하게 유도하는 것에 착안하여 물과 혼합하는 믹서의 동력을 절감하는 데 활용했다.

백합꽃의 구심나선형상

(9) 고래의 꼬리지느러미를 모사한 모노핀(Monofin)

고래의 꼬리지느러미는 물속에서 상하방향의 유영을 돕는다. 루노셋에서는 탄소섬유에 실리콘을 씌운 꼬리지느러미 형상의 '모노핀(Monofin)'을 개발하여 같은 힘으로 하향과 상향 유영이 가능하도록 하였다.

고래의 꼬리지느러미

(10) 혹등고래를 모사한 윈드터빈블레이드

튜버클 테크놀로지(Tubercle Technology)에서는 혹등고래의 가슴지느러미 형상을 모사하여 윈드터빈블레이드(Wind turbine blade)의 형상 설계에 응용시켰다. 조용하고 신뢰성 있는 운전 특성을 보이는 것으로 알려져 있다.

혹등고래

⑧ 자연에서 영감을 얻은 건축물

    자연의 다양한 구조, 형태 및 기능 등에서 영감을 얻어 건축물에 적용한 사례는 우리 주위에서 많이 찾아볼 수 있다. 위키피디아에 의하면 바이오미메틱 건축물(Biomimetic Architecture)을 '자연의 형태를 복사한 게 아닌 형태를 지배하는 원리를 이해해서 자연의 지속가능한 해법을 제시하는 건축물'로 정의하고 있다. 이 이야기는 모양만 그대로 모방하는 것보다는 자연이 가지고 있는 원리나 기본에 깔려 있는 여러 메커니즘 등을 이해해서 자연이 가지고 있는 지속가능한 해법을 적용한다는 의미를 가지고 있다.

    '바이오모피즘(자연형태론; Biomorphism)'은 자연과 살아 있는 생명체들을 연상하게 하고, 자연적으로 발생하는 여러 패턴이나 모양 등을 고려하여 예술적 디자인 요소를 모델링하는 것을 의미한다. 바이오모피즘의 대표적인 건축물인 뉴욕의 '트랜스 월드 에어라인 비행센터(Trans World Airlines Flight Center)' 청사는 핀란드계 미국인 에로 사리넨(Eero Saarinen)에 의해 건축되었다. 이 건축물은 새의 날개가 연상되는 아주 멋진 위용을 과시한다.

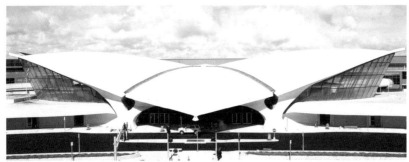

뉴욕의 '트랜스 월드 에어라인 비행센터' 청사
©2010, Roland Arhelger

사우디아라비아 리야드에 있는 사우드 대학의 '종려나무사원'은 종려나무와 흡사한 모습을 하고 있다. 이라크계 영국인인 바실 알 바야티(Basil Al Bayati)에 의해 설계되었다.

사우드 대학의 '종려나무사원(Palm Mosque)'

뉴델리에 있는 연꽃 사원은 한 눈에도 연꽃의 모양을 본 떠 만든 건축물임을 알 수 있다. 이란계 미국인인 파리보즈 사바(Fariborz Sahba)라는 건축가에 의해 만들어졌다.

뉴델리의 '연꽃 사원(Lotus Temple)'
©2016, Anushka Goyal

전 세계인에게 잘 알려져 있는 호주 시드니의 오페라하우스는 조개껍질을 모사한 것으로 잘못 알려져 있지만, 사실은 항해하는 돛단배의 모습에서 영감을 얻어 디자인된 건축물이다. 덴마크의 예른 웃손(Jørn Oberg Utzon)이 디자인했다.

시드니의 '오페라하우스'
©2018, Solvarsity

스페인 바르셀로나에 있는 사그라다 파밀리아 성당은 안토니오 가우디(Antonio Gaudi, 1852~1926)에 의해 1883년에 설계가 시작되어 2026년에 완공될 예정으로, 현재도 공사가 진행 중인 자연모사의 대표적 건축물이다. 이 건축물은 세계 유네스코 문화유산으로 지정되어 있으며, 외형적 모습뿐만 아니라 성당 내부의 모습들이 마치 야자수 숲속에 와 있는 듯한 느낌을 가지도록 설계되어 있다.

스페인 바르셀로나의 '사그라다 파밀리아 성당'
©2017, C messier

야자수를 모사한 '사그라다 파밀리아 성당' 내부 모습
©2010, nikko23_99

미국 위스콘신주에 있는 '밀워키 미술관(Milwaukee Art Museum)'은 90톤에 달하는 거대한 햇빛가리개(Sunscreen) 지붕으로 유명하며, 흰색의 큰 날개를 연상케 하여 보는 사람의 눈길을 끌고 있다. 건축가인 산티아고 칼라트라바 (Santiago Calatrava)는 미술관 바로 앞에 펼쳐진 미시간호의 자연스러움과 도시의 특징을 모두 아우르는 건축물이 되기를 소망하였다.

미국 위스콘신주의 '밀워키 미술관'
©2010, joevare

오스트리아의 그라츠시에 있는 미술관은 붉은색 지붕의 주위 건물들 사이에서 마치 살아있는 바다 생명체와 같은 모습을 하고 있다. 미술관 건립 계획에 참여했던 마르쿠스 크루즈 박사는 건물의 모습이 자연적인 형태로부터 영감을 받았지만 똑같이 모방하지는 못했다고 전하고 있으며, 지붕의 튀어나온 노즐 구조는 살아있는 생명체와 같이 외부의 환경 변화에 반응할 수 있도록 만들었다고 설명하고 있다.

오스트리아의 '그라츠 미술관(Kunst Graz)'
©2006, Marion Schneider & Christoph Aistleitner

대만 타이중(臺中)시의 국립극장은 바위와 동굴과 물의 흐름으로부터 영감을 얻어 부드럽고 평온한 느낌을 주도록 설계되었다.

대만의 국립대중극장(National Taichung Theater)
©2018, Robert

자연모사 또는 생체모방 건축물은 흔히 세 가지 수준으로 구분할 수 있다. 첫 번째는 '유기체 단계(Organism level)', 즉 살아있는 생명체들을 그대로 모방하는 것이다. 두 번째는 '거동단계(Behavior level)'로써 동식물들이 어떤 거동을 하고 서로 어떤 관계를 가지고 있는지를 모방하는 것이다. 마지막 세 번째 단계는 '에코시스템(Ecosystem level)'으로 환경적인 측면에서 자연적인 과정과 전체 순환 사이클을 모방하는 것이다.

(1) 유기체 단계(Organism Level)의 건축물

대표적인 유기체 단계 건축물로는 노만 포스터(Norman Foster)가 디자인한 영국 런던의 '거킨타워(Gherkin Tower)'가 있다. 이 건물은 2003년도에 환경 문제를 고려하여 지은 런던 중심가의 고층 건물로써 런던의 명물로 자리 잡고 있다. 오이(Gherkin) 모양의 디자인은 건물 아래에서 위쪽을 볼 때 윗부분이 감추어지며 주변 건물들에게 일조권 침해를 최소화하고, 또한 옆으로 둘러가며 지어진 구조로 인해 자연적인 공기 순환과 열효율을 높여 냉난방비를 40%나 획기적으로 줄인 친환경 건물로 알려져 있다. 이 건물의 외곽은 심해에 서식하는 해면동물인 '비너스플라워바스켓(Venus' flower basket)'의 섬유질 외골격 모양에서 영감을 얻어 디자인된 것으로 알려져 있다.

01 비너스플라워바스켓(Venus' flower basket)
    ©2012, NOAA Photo Library
02 영국 런던의 '거킨타워(Gherkin Tower)'

영국의 콘월(Cornwall)에 있는 작은 마을 근처 진흙 구덩이에 자리 잡은 '에덴 프로젝트(Eden Project)'는 건축가 니콜라스 그림쇼(Nicholas Grimshaw)에 의해 설계되었으며, 비눗방울이 서로 뭉쳐 있는 모양에서 영감을 얻어 만들어졌다. 이 건축물은 열대 우림과 지중해에 서식하는 엄청나게 많은 식물종을 보유한 식물원으로 사용되고 있다. 같은 단지 내의 교육센터는 파인애플, 해바라기, 달팽이 껍질 등과 같은 많은 자연물에서 발견되는 피보나치 나선형 패턴을 모방한 건물로 잘 알려져 있다.

에덴 프로젝트 내의 자연을 모사한 건물들
©2006, Jürgen Matern

런던 워털루 역의 국제선 터미널 역사 건물도 니콜라스 그림쇼가 설계했다. 기차가 역사 내로 들어오거나 나갈 때 발생되는 큰 압력 변화를 완화시키기 위해 천산갑 (Pangolin)의 딱딱한 비늘을 모사하여 유리창이 원활히 변형됨으로써 충격파가 흡수되도록 설계된 건물이다.

천산갑 (Pangolin)
©2017,Adam Tusk

(2) 거동 단계(Behavior Level)의 건축물

거동 단계는 자연 생명체가 주위 환경에 순응하는 구조로 상호작용해나가는 방식을 모방하는 것이다. 대표적인 사례로 짐바브웨의 건축가 믹 피어스(Mick Pearce)가 흰개미집의 통풍 원리를 모사해 설계한 짐바브웨의 '이스트게이트 쇼핑센터'를 들 수 있다. 외부 온도가 섭씨 3도에서 43도까지 변하는 상황에서 냉방장치 없이도 시원하게 실내 온도를 유지하고, 비슷한 크기의 일반 건물에서 사용되는 에너지의 10% 미만을 사용하고 있다. 피어스가 설계한 또 다른 건축물이며, 2006년에 완공된 호주 멜버른시의 시의회 건물(CH2; Council house 2)은 최대 6등급의 그린스타 인증을 취득했다.

01 짐바브웨의 '이스트게이트 쇼핑센터'
건물
ⓒ2008, David Brazier
02 이스트게이트 센터의 내부 모습
ⓒ2003, Gary Bembridge
03 호주 멜버른 시의회 건물(CH2)
ⓒ2008, roryrory

카다르에 있는 선인장(Cactus)의 모습을 가진 MMAA 빌딩도 대표적인 자연모사 건축물로 알려져 있다. 무덥고 건조한 사막의 기후 환경에서 생존하는 선인장으로부터 영감을 얻어 효율적으로 에너지를 사용하고 있다.

선인장을 모사한 카타르 도하의 'MMAA' 빌딩
©2010, Vivian Evans

(3) 에코시스템 단계(Ecosystem level) 건축물

에코시스템 단계는 건축물 자체만이 아니라 이 건축물이 유지보수되기 위한 전체 시스템의 흐름을 보여주고 있다.

대표적인 예로 '사하라 숲 프로젝트'가 있다. 이 프로젝트는 2008년도에 영국 일간지 「가디언」, 「디스커버 매거진」에 소개되었으며, 3명의 건축가와 엔지니어가 제안하였다. 사막의 뜨거운 열기를 차가운 공기로 변환시키기 위해 차가운 바닷물이 흘러가면서 뜨거운 공기를 식힐 수 있는 시스템을 이용해서 온실 내부를 외부보다 약 15℃ 낮게 유지할 수 있는 효과를 거두며, 벌집 구조의 태양광 집열판을 이용해서 바닷물을 증발시켜 담수화하여 메마른 사하라 사막을 농작물이 재배 가능한 거대한 농장으로 바꾸려는 프로젝트이다.

사하라숲 프로젝트의 개념도

자연을 모사한 건축물들은 전 세계 곳곳에 많이 있다. 이런 건축물들은 지속가능성, 사람 친화성 그리고 환경에 최소의 부담이 가도록 하는 기본적인 개념을 가지고 건립되고 있다.

⑨ 정자나무 그늘을 모사한 도심 속의 쉼터

정자(亭子)나무란 그늘 밑에 사람들이 모여 놀거나 쉴 수 있는 공간을 제공해주는 가지가 많고 잎이 무성한 큰 나무를 말한다. 대표적인 정자나무로는 느티나무, 팽나무, 은행나무 등이 있으며, 특히 가지가 넓게 퍼지는 특성을 가진 느티나무가 예전부터 정자나무로 많이 사용되어 왔다.

우리 민족은 예부터 마을 입구에 있는 큰 나무를 '당산(堂山)나무'라고 하여 마을을 지켜주는 수호신으로 여기고 소원을 빌며 제사를 지내기도 했다. 당산나무로 가장 많이 사용되어 온 나무도 느티나무이며, 느티나무의 새싹을 보고 한 해 농사를 예측하기도 했다. 느티나무 주변은 주민들이 항상 편하게 만나 소통하는 마을 공동체의 공간으로도 활용되어 왔다.

뜨거운 한여름 날 큰 느티나무 밑에 들어가면 시원함과 함께 상쾌한 기분을 느낄 수 있다. 이는 그늘은 물론이고 탄소동화작용으로 인한 적절한 수분과 산소를 우리에게 제공해주기 때문이다. 또한 요즘 큰 이슈가 되고 있는 미세먼지도 적은 양이지만 제거해 주는 효과가 있다고 알려져 있다.

정읍시 덕천면 소재 수령 500년 정자나무

 최근, 느티나무와 같은 자연의 원리를 닮은 신기술 제품이 개발되어 눈길을 끌고 있다. 미세먼지와 더위를 피해 안전하고 시원하게 머무를 수 있는 도심 속의 오아시스와 같은 옥외용 공기정화장치가 개발되어 곳곳에 설치되고 있다.

 '맑은 공기 에어돔'으로 불리는 이 장치는 주위 공기보다 온도가 조금만 낮아도 공기밀도가 변하게 되어 에어돔이 형성되는 원리를 이용한 기술로써, 마치 느티나무 그늘과 흡사한 상황이 연출된다. 느티나무 그늘 아래는 주위보다 낮은 공기 온도로 인하여 육안으로는 보이지 않지만 에어돔이 형성되어 그 안에 들어가면 상쾌함을 느끼게 되는 원리를 모사한 것이다.

느티나무를 모사한 맑은 공기 에어돔

에어돔 옥외용 공기정화기 장치는 돔 형상의 공기 분리막을 만들어 외부에서 들어오는 미세먼지를 차단하여 일종의 가상 실내(Virtual indoor)를 조성함으로써 옥외지만 실내처럼 공기를 정화하기에 효율적이다. 향후 더욱 광범위하게 오픈된 공간에도 적용할 수 있는 기술이 개발되면 매년 심해지는 미세먼지의 공격에 능동적으로 대응하고 최소한의 야외활동 안전을 보장하는 국민 체감형 미세먼지 저감 솔루션을 제공해줄 수 있을 것이다.

우리 고유의 정겨운 시골 풍경인 정자나무 그늘의 과학적 원리와 연관된 새로운 기술제품이 계속 개발되어 우리의 삶을 더욱 행복하고 건강하게 유지시켜 줄 수 있기를 기대해본다.

지구상의 다양한 생명체들은 자기만의 고유한 감각능력을 가지고
생존을 위해 진화 발전해 왔다. 생명체의 초감각기관으로부터 영감을 얻어서
새로운 개념의 감각 센서 시스템이 개발된다면,
최근 이슈가 되고 있는 4차 산업혁명의 핵심기술인 사물인터넷, 모바일 기기,
스마트 팩토리 그리고 사회 안전망 구축 등 미래사회에 화두가 되고 있는
산업 분야의 획기적인 기술 발전에 기여할 수 있을 것으로 기대된다.

제 5 장

생명체의 감각기관

① 감각 센서

인간의 감지능력을 뛰어넘는 동물들의 초감각 인지능력은 오래 전부터 과학자들의 연구 대상이 되어 왔다. 최근 4차 산업혁명의 물결 속에 초지능·초연결 사회로의 발전을 위해 초감각 센싱 기술에 대한 관심이 더욱 높아지고 있다. 동물의 초감각 인지능력은 오랜 시간 진화의 과정을 통해서 유도되었으며, 먹이를 탐지하고 포식자를 회피하는 등의 생존율 향상 수단으로 쓰여 발전되어 왔다.

동물들의 감지 능력을 공학적으로 구현하는 것이 바로 센서이다. 센서란 열, 빛, 온도, 압력, 소리, 냄새 등의 물리적 또는 화학적인 양이나 변화를 감지하고 계측하여 일정한 신호로 알려주는 부품을 의미한다.

다음 표는 인간의 감각과 센서를 비교해서 보여준다. 먼저 빛을 감지하는 인간의 눈은 광센서에 해당된다. 광센서 종류에는 광도전소자, 이미지 센서, 포토다이오드 등이 있다. 귀는 소리를 듣는 청각기관으로, 센서로 따지면 마이크로폰, 압전소자, 진동자 등의 음향 센서가 된다. 피부에서 느끼는 촉각은 압력, 온도 및 습도 등도 민감하게 느낄 수 있으며, 센서의 종류에는 진동 센서, 온도 센서, 압력 센서 등이 있다. 혀는 맛을 느끼는 미각을 가지고 있으며, 센서 소자의 예로는 pH 센서, 전기화학 센서, 바이오 센서 등이 있다. 코는 냄새를 맡으므로, 냄새 센서에 해당하며 가스 센서, 지르코니아 (Zirconia) 산소 센서, 알코올 센서 등이 있다. 인간의 오감 외에 다른 센서로는 중력을 느끼는 중력 센서나 자기장을 느끼는 자기 센서 등이 있다.

인간의 감각과 센서

인간의 기관	인간의 감각	센서의 종류	센서 소자의 일례
눈	시각(빛)	광센서	광도전소자, 이미지 센서, Photo-Diode
귀	청각(소리)	음향 센서	마이크로폰, 압전소자, 진동자
피부	촉각(압력) (온도) (습도)	진동 센서 온도 센서 압력 센서	Strain Gauge, 반도체 압력 센서 백금/NTC 서미스터, Thermopile, T/C 저항형/용량형 습도 센서
혀	미각(맛)	맛 센서	pH 센서, 전기화학 센서, 바이오 센서
코	후각(냄새)	냄새 센서	가스 센서, 지르코니아 소자, 알코올 센서
오감이 아닌 센서		중력 센서 자기 센서	자이로효과(진동자이로), 가속도 센서 Hall 소자, Radar, SQUID

최근에 관심이 높아지고 있는 지능 정보화 사회 구현을 위한 4차 산업혁명의 핵심기술인 IoT, 인공지능, 로봇, 모바일 등에 있어서 센서 시스템의 중요성이 더욱 강조되고 있다. 또한 급증하고 있는 자연재해나 각종 사고 등으로부터 손실과 불안감을 예방하는 데도 고감도의 첨단센서가 요구되고 있다.

자연모사 감각 센서란 인간과 동식물의 감각기관을 모사해서 고감도, 초소형, 저전력의 특징을 가진 감지소자를 뜻한다. 자연모사 감각 센서를 크게 분류하면, 기계적 센서인 촉각과 청각, 화학적 감각인 후각과 미각 센서 그리고 광학적인 시각 센서, 전자기장 센서 그리고 열 센서 등이 있다. 아래 표에 각 자연모사 센서의 종류와 특징이 정리되어 있다.

자연모사 센서의 종류와 특징

센서 종류	자연모사 센서 특징
Mechano-sensor (청각, 촉각 센서)	인간이 감지할 수 없는 작은 기계적 자극(소리, 촉감)과 저주파(진동) 또는 고주파(초음파) 영역까지 감지하는 동물의 감각기관을 모사한 센서
Chemo-sensor (후각, 미각 센서)	인간이 맡을 수 없는 초미소량의 냄새 및 맛까지 감지할 수 있는 동물의 감각기관을 모사한 센서
Opto-sensor (시각 센서)	인간이 볼 수 없는 자외선, 적외선 영역까지 감지하는 동물의 감각기관을 모사한 센서
Electromagneto-sensor (전자기장 센서)	인간이 감지할 수 없는 전기, 자기장까지 감지하는 동물의 감각기관을 모사한 센서
Thermo-sensor (열 센서)	인간이 감지할 수 없는 수준의 열까지 감지하는 동물의 감각기관을 모사한 센서

인간의 감각 능력을 뛰어넘는 동물들의 초감각 능력에 대한 대표적인 사례를 살펴보자.

1) 코끼리의 청각기관

코끼리의 청력은 인간이 들을 수 있는 가청 주파수대보다 낮은 10 Hz 또는 5 Hz의 저주파 소리까지 모두 듣는 것으로 규명된 바 있다.

2) 개의 코

개의 후각은 사람보다 보통 만 배 이상의 감도를 가지고 있으며, 마약 감지나 암을 진단하는 전자코에도 개의 후각을 모사한 센서가 활용되고 있다.

3) 갯가재의 시각

갯가재는 가시광선 영역만이 아니라 자외선, 적외선까지 볼 수 있는 능력이 있다. 이 원리를 적용하면 전천후 투시경 개발에 응용할 수 있다.

4) 뱀의 열 감지 기관

뱀은 아주 미세한 열까지 감지하는 '피트 기관(Pit organs)'을 가지고 있어서 먹잇감을 찾거나 천적으로부터 피하는 능력이 있다. 0.003도의 온도 변화까지도 감지할 수 있다고 알려져 있다.

5) 철새의 자기장 감지

장거리를 이동하는 철새는 지구 자기장을 가시화하여 방향을 감지하는 것으로 알려져 있다. 철새의 자기장 감지 원리를 이용하면 고성능의 항법장치에 활용할 수 있을 것으로 기대된다.

6) 돌고래의 초음파 감지

돌고래는 초음파 감지 능력으로 물체를 식별하고 서로 의사소통하는 것으로 알려져 있다. 수중 음향통신이나 수중의 물건을 찾고 식별하는 데 긴요하게 사용될 수 있는 감지 기술이다.

기존 센서 기술은 대부분 미세전자기계시스템(MEMS; Micro-Electro-Mechanical System, 나노기술을 이용해 제작되는 매우 작은 기계를 의미한다. 한국에서는 '나노머신'이라는 용어를 주로 쓴다. 일본에서는 '마이크로머신'이라는 표현을 쓰기도 하며, 유럽에서는 'micro systems technology(MST)'라고 일컫기도 한다. 출처: 위키피디아)나 반도체 기술을 이용하여 높은 정밀도를 가진 안정화된 저가의 대량생산 제품이지만, 치열한 경쟁 속에서 기술적·시장적으로 한계에 직면하고 있다. 초소형, 고감도, 적응성, 저전력화 등의 장점을 지닌 자연모사 감각 센서 기술을 활용하면 새로운 패러다임의 센서 기술을 발전시켜 나갈 수 있을 것으로 기대된다.

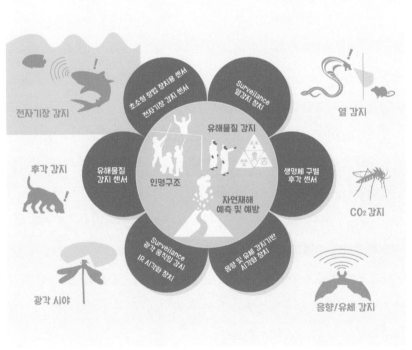

자연모사 감각 센서 응용처
출처: 한국기계연구원

② 동물의 초감각기관

(1) 박쥐와 돌고래의 초음파

인간이 들을 수 있는 가청 주파수는 20~20 kHz이지만, 박쥐는 그 이상의 초음파 영역까지도 들을 수 있다. 밤에 주로 활동하는 박쥐는 시력이 매우 낮으며, 이런 시력을 극복하기 위한 생존 방법으로 초음파를 이용한 인지능력을 가지게 되었다고 생물학자들은 분석하고 있다.

박쥐가 사용하는 초음파의 범위는 보통 2~130 kHz 정도라고 알려져 있으며, 초음파를 감지하는 원리는 반향음(Echolocation)으로 알려져 있다. 즉, 초음파를 내보내고 반사되어 되돌아오는 초음파로 어떤 물체인지를 감지하게 된다. 정밀한 초음파 시스템은 바로 박쥐의 생존율이나 안전성을 향상시키는 데 아주 크게 기여하고 있다.

박쥐의 초음파에는 두 가지 형이 있다. 하나는 주파수일정형(constant frequency)인 CF형과 주파수가변형(frequency modulation)인 FM형이 있다. 관박쥐는 주파수일정형이며, 음이 코를 통해서 발사되고 귀로 들어온다. 주파수가변형 박쥐인 애기박쥐과는 코가 아닌 입에서 발사되어 귀로 들어오는 특징을 가지고 있다. 주파수일정형은 정보량이 주파수가변형보다 적기 때문에 관박쥐는 이 정보량의 부족을 초음파를 자주 발사하거나 배음의 여러 가지 조합으로 보충하는 능력을 가지고 있다. 박쥐의 초음파는 먹이를 찾을 때와 공격할 때 또는 포획 단계에 따라 진동 수와 발사 빈도가 바뀐다. 초음파의 변화는 어미와 새끼의 의사소통이나 자기 새끼와 남의 새끼를 구별하는 데 이용된다.

돌고래도 박쥐와 마찬가지로 초음파로 먹잇감을 찾고 서로 의사소통을 하는 것으로 알려져 있다. 돌고래는 박쥐보다 좀 높은 주파수인 150 kHz대를 사용한다. 돌고래는 반향되어 돌아오는 파형을 돌고래 이빨의 주기적인 위치에 따른 파동 수 변화를 통해서 인식한다는 연구 결과가 있다. 돌고래의 초음파는 입이나 코를 통해서가 아니라, 머리뼈나 입 윗부분에 위치하는 멜론(Melon)과 코연골주머니(Nasal sac)라는 기관을 통해서 발생하는 것으로 알려져 있다. 초음파를 이용한 반향정위 방식의 경우, 인간의 가청음파가 아닌 더 높은 주파수의 초음파를 이용하여 방향적으로 안정성이 있다.

자연계의 동물이 가지는 초음파 발생, 그리고 반향음 인식을 통한 정보 습득 특성의 경우에는 이미 몇 가지 응용과 개발이 진행되어 왔다. 대표적인 것이 바로 '초음파 이미징'이다. 초음파 이미징 기술은 산모의 뱃속에 있는 태아의 발생과 성장 관찰을 용이하게 해서 태아의 현재 상태나 커가고 있는 정도를 관찰하는 데 아주 유용하게 사용되고 있다.

또 다른 응용으로는 레이더나 소나가 있다. 레이더는 앞서 말한 박쥐의 초음파와 동일한 것으로 공기라는 매질에 다양한 주파수를 시간대별로 인가해서 반향되어 오는 파형을 분석하여 어떤 물체를 인식한다. 소나는 바닷속에 있는 물고기 또는 물체를 찾는데 쓰이고 있다.

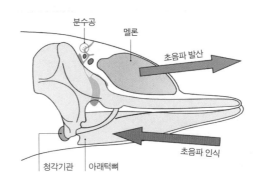

돌고래의 초음파 발생기관

(2) 뛰어난 시력 - 독수리, 갯가재, 카멜레온/잠자리

시각능력이 인간보다 뛰어난 동물은 너무나 많다. 인간의 평균 시력이 1.0이라면 독수리의 평균 시력은 5.0이다. 갯가재는 자외선부터 가시광선, 적외선까지 전 영역을 볼 수 있으며, 카멜레온은 눈을 돌림으로써 360도를 보는 능력이 있다.

1) 독수리의 시력

독수리는 시력이 좋은 대표적인 동물로서 시력이 5.0이라고 알려져 있다. 아주 높은 위치에서 비행을 하면서도 땅 위에 있는 작은 먹잇감을 발견하고 잡아채는 뛰어난 능력을 가지고 있다.

독수리의 눈은 안구의 구조에서부터 차이가 있다. 독수리의 눈은 렌즈가 얇고 망막까지의 거리인 안축이 굉장히 길게 되어 있어 안구가 깊은 특징이 있다. 얇은 렌즈는 초점 거리가 길기 때문에 먼 곳을 보는데 적합한 구조이며, 안축을 길게 함으로써 망막에 투여되는 상을 크게 확대할 수 있는 장점이 있다. 영화나 슬라이드를 영사할 때 영사기 렌즈에서 스크린까지의 거리가 멀수록 투영되는 영상이 커지는 것과 같은 원리이다. 독수리 눈에서 주목할 만한 또 다른 특징은 망막에서 가장 감도가 좋은 부분인 '중심와'의 비율이 사람보다 훨씬 크고, 사람은 중심와가 좌우에 하나씩 있는 반면, 독수리는 좌우 눈에 각각 2개씩 있다는 점이다. 이런 중심와의 특징으로 인해 전방은 물론이고 좌, 우, 측면의 세 방향을 동시에 똑똑히 볼 수 있다.

색을 인식하는 원추세포와 간상세포가 집중되어 있는 망막 중앙의 약간 들어간 부위를 황반이라고 하며, 황반은 특정 사물에 눈을 집중시키는 일을 하기 때문에 눈에서 아주 중요한 부분이다. 독수리의 황반에는 색을 감지하는 원추세포가 사람의 약 5배 정도로 집중되어 있어 뛰어난 시력의 원인으로 분석되고 있다. 사람은 1 mm²당 20만 개의 시세포가 있는데 반해 독수리는 1 mm²당 100만 개의 시세포가 있다. 사람은 5 m 거리에서 겨우 볼 수 있는 물체를 독수리는 20 m 밖에서도 충분히 식별할 수 있는 탁월한 시력을 가지고 있다.

2) 갯가재의 색 수용체

갯가재는 적외선 영역부터 가시광선 그리고 자외선 영역까지 전 파장대의 빛을 다 볼 수 있는 16종류의 색 수용체와 겹눈 구조를 통해서 눈 하나당 3개의 이미지를 볼 수 있는 뛰어난 시력을 가지고 있다. 겹눈을 통해서 다양

갯가재의 겹눈 모습
©2008, prilfish

한 이미지를 한 번에 얻는 방식은 사람이 2개의 이미지를 받아들이는 것에 비해 훨씬 빠르고 다양한 정보를 얻게 되므로 먹이를 찾거나 포식자로부터 벗어나는 데 큰 도움이 되고 있다. 또한, 갯가재는 겹눈 안에 있는 다양한 광수용기로부터 각 편광 빛을 선별적으로 흡수하여 주위의 미세한 빛의 변화를 잘 감지한다. 갯가재가 좋아하는 먹이가 투명하고 바닷속에서 잘 보이지 않기 때문에 주위의 미세한 빛 변화를 잘 감지해야 생존에 유리한 것이다.

3) 카멜레온과 잠자리의 시력

카멜레온의 경우는 좌우 눈이 따로 돌아가며, 360도 회전도 가능하기 때문에 시야각이 넓다. 덕분에 주위의 상황 정보를 잘 파악하고 보호색을 발현시켜서 생존율을 높이는 데 크게 기여하고 있다. 잠자리는 겹눈으로 전방위적 시각 정보를 습득하고 외부의 환경 변화에 즉각적으로 반응할 수 있어 뛰어난 비행술과 함께 시력이 생존율을 높이는 데 크게 기여하고 있다.

카멜레온의 360도 회전 가능한 눈

(3) 전자기장 감지

인간이 가지지 못한 대표적인 감지 능력이 바로 전자기장이다. 인간은 전자기장을 거의 느끼지 못한다. 그러나 도요새나 바다거북, 메기 등은 전자기장을 잘 감지한다고 알려져 있다. 전자기장을 감지하는 대표적인 예로 철새들의 눈 안에 들어 있는 크립토크롬(Cryptochrome)이라는 단백질이 있다. 인간은 자기장을 느끼지 못하므로 시각화해서 본다는 건 상상도 할 수 없는 일이지만, 크립토크롬이 있는 철새는 자기장을 가시화하여 볼 수 있다는 최근의 새로운 연구 결과가 있다(http://www.ks.uiuc.edu/Research/cryptochrome/).

도요새는 8일에 걸쳐서 약 10,000 km를 이동할 때 자기장을 감지하여 방향을 인식한다고 알려져 있다. 해변가 모래 속에서 태어나 바다로 나갔다가 알을 낳기 위해 자기가 깨어난 곳으로 다시 돌아오는 바다거북도 역시 자기장을 감지하여 이동하는 것으로 알려져 있다. 이런 자기장을 기반으로 한 방향 인식에 대한 원리나 메커니즘은 사실 과학자들도 아직 완전히 밝혀내지 못하고 있으며, 여러 가지 다양한 가설을 통해서 접근해나가고 있는 상황이다.

이런 가설 중에는 자기장을 인식할 수 있는 자철석 입자의 체내 분포에 대한 연구결과도 있다. 일부 과학자들은 새의 부리에 자철석이 존재한다는 사실을 근거로 새들이 부리를 통해서 자기장을 감지한다고 주장하고 있다.

자기장 인식 기술은 동물들의 방향 인식 메커니즘을 밝혀줄 뿐만 아니라 내비게이션이나 GPS 등을 대체할 수 있는 차세대 근간이 되는 기술로써 가능성이 높다고 평가되고 있다.

(4) 개의 후각

　인간은 대략 600만 개의 후각 수용체를 가지고 있으며, 이에 비해 개는 약 2억 5,000만 개를 가지고 있는 것으로 알려져 있다. 개의 이런 특별한 후각능력으로 인해 이미 오래전부터 마약 탐지나 범죄자 추적 등에 활용되고 있다.

　개의 암을 탐지하는 능력이 최초로 보고된 것은 1989년 영국 런던 킹스칼리지 병원 소속의 의사들에 의해서다. 세계적인 의학 전문지인 「란셋(Lancet)」에 게재된 보고서에 의하면, 반려견이 주인의 다리에 생긴 점의 냄새를 계속 맡았으며, 진단 결과 피부암의 일종인 흑색종 초기 단계를 발견할 수 있었다. 그 이후로도 탐지견을 이용해서 흑색종이나 방광암, 폐암, 유방암, 전립선암 등을 진단하는 방법들이 여러 의학 저널에 게재되고 발표되었다.

암마저도 탐지하는 개의 후각능력

(5) 재난 감지 동물

　동물들의 이상 행동을 보면 재난재해를 조기에 예측할 수 있다는 보도가 심심치 않게 나오고 있지만, 사실 아직도 논란의 여지는 굉장히 많다. 중국에서 두꺼비떼가 이동하는 모습을 본 직후에 지진이 있었다는 보도나 뱀이 지진파를 느끼고 굴 밖으로 나와서 벽을 들이받는 행동을 보였다는 등의 여러 가지 동물의 전조 증상이 발표된 바 있다. 동물들의 이상 행동과 재해 재난의 연관성이 아직까지 과학적으로 명확히 규명된 바는 없지만, 일부에서는 분명 이런 동물들의 반응이 지진이나 재난 등을 예측하는 데 활용될 수 있을 것이라는 희망을 가지고 많은 연구들을 진행하고 있다.

　동물들은 인간에게 없는 초월적인 능력으로 생존을 위해 진화하고 발전되어 왔고, 지구상의 서로 다른 종들은 각각 자기의 인식 영역에서 고유한 관점으로 세상을 바라보고 있다. 동물의 초감각 기관으로부터 영감을 얻어서 새로운 개념의 감각 센서 시스템이 개발된다면, 최근 이슈가 되고 있는 4차 산업혁명의 핵심기술인 사물인터넷, 모바일 기기, 스마트 팩토리 그리고 사회 안전망 구축 등 미래사회에 화두가 되고 있는 산업 분야의 획기적인 기술 발전에 기여할 수 있을 것이다.

③ 식물의 감각기관

이탈리아 피렌체 대학의 식물신경생물학자인 스테파노 만쿠소(Stefano Mancuso) 교수는 '국제 식물신경생물학 연구소'를 이끌고 있으며, '식물신호 및 행동 국제협회'의 창립 멤버이기도 하다. 그는 최근 자신의 식물신경생물학의 연구 결과를 바탕으로 식물의 생존전략과 방법을 소개하고, 구체적인 작동 메커니즘과 응용 사례를 밝힘으로써 식물 기능 활용에 관한 아이디어를 담은『식물혁명(Plant revolution)』이라는 책을 발간했다.

만쿠소 교수는 식물에는 중심 뇌와 유사한 기관이 없는데도 동물보다 월등한 감각으로 주변 환경을 인식하고, 지면과 대기에서 사용할 수 있는 한정된 자원만으로도 능동적으로 경쟁력을 갖추며 주변 상황을 정확하게 판단한다고 설명하고 있다.

외부의 자극에 민감하게 반응하는 대표적인 식물로 미모사가 있다. 식물학의 아버지로 알려져 있는 프랑스의 라마르크(Jean-Baptiste Pierre Antoine de Monet, chevalier de Lamarck, 1744~1829)는 미모사의 잎이 닫히는 메커니즘에 큰 관심을 가지고 수많은 실험을 거듭하였다. 미모사가 같은 특성의 자극을 반복적으로 받으면 처음에는 잎을 닫았으나 어느 순간 이에 크게 반응하고 이후의 모든 자극은 완전히 무시했다. 라마르크는 미모사의 이런 반응의 중단이 '피곤함' 때문이라 판단했으며, 기본적으로 미모사가 몇 차례 반복적으로 잎을 닫으면서 움직이는 데 사용할 에너지가 모두 소진됐기 때문이라고 이해했다.

한편, 프랑스의 식물학자인 데폰테이누(René Desfontaines, 1750~1833)는 자신의 제자에게 미모사를 모아 수레에 싣고 파리를 돌아다니면서 어떤 반응을 보이는지 면밀하게 관찰하라는 독창적인 실험을 지시했다. 미모사는 마차가 처음 진동을 시작할 때는 잎을 닫는 반응을 보였으나, 파리 시내를 한참 돌아다니던 도중 예상치 못한 일이 벌어졌다. 마차는 여전히 같은 강도로 계속 흔들리고 있는데, 처음에는 하나, 그 다음에는 둘, 그 다음에는 다섯, 그러다 결국 모든 미모사가 잎을 열기 시작한 것이었다. 이로 인해 미모사가 외부 자극에 '적응하고 있다'는 사실이 최초로 밝혀졌으며, 이 실험 결과는 식물학 학회에 인상적인 흔적을 남기게 되었다.

2013년 피렌체 대학의 국제 식물신경생물학 연구소에서는 간단한 실험 장비를 준비하여 미모사의 자극 반응 실험을 실시했다. 화분에 심은 미모사를 약 10 cm 높이에서 반복적으로 떨어뜨리면서 반응을 관찰한 것이다. 7~8회의 자극이 반복된 후, 미모사는 더 이상 잎을 닫지 않기 시작했고, 이후에는 추락에 반응을 보이지 않았다. 반응을 보이지 않는 이유가 단순한 피로 때문인지, 아니면 정말 미모사가 무서워할 일이 전혀 아니라는 것을 깨달았기 때문인지를 알아내기 위해 이전과 다른 자극을 주며 실험을 했다. 화분을 가로 방향으로 흔드는 기계를 준비하여 이전과 다른 충격을 받게 한 결과, 미모사는 곧바로 잎을 닫는 반응을 보였다. 이 실험 결과로 식물이 어떤 자극은 위험하지 않다는 것을 파악하고, 위험 가능성이 있는 다른 자극과 구분이 가능하다는 것을 증명했으며, 결국 식물이 과거의 경험을 '기억'할 수 있다는 것을 알게 되었다.

식물처럼 뇌가 없는 생명체에서 이와 같은 메커니즘이 어떻게 작용하는지는 여전히 미스터리로 남아 있지만, 식물은 환경에서 가해지는 자극에 대응할 방법을 결정하고 수행하는 능력을 갖추고 있으며, 동물과는 다른 방식으로 DNA 염색체의 순서 변형이 아닌 단백질의 생화학적 반응을 사용하여 세포 내에 변형 유전 형태로 기억한다는 사실을 알게 되었다.

미모사

④ 소리를 듣는 메커니즘

자연에 존재하는 모든 종류의 동물들은 다양한 소리를 들을 수 있는 청각기관이 있다. 호랑이, 코끼리, 곰, 개 등의 포유류는 인간의 귀와 같은 형태의 청각기관이 있으며, 물속에 사는 물고기는 물의 흐름과 소리를 감지하는 감각기관을 옆줄에 가지고 있다. 귀뚜라미, 모기, 파리 등의 곤충도 미세한 소리와 외부 침입자의 접근을 감지하는 고감도의 감각기관을 지니고 있다.

이들 감각기관의 공통점은 외부의 자극에 민감하게 반응하는 아주 작은 수백 나노 굵기의 섬모의 움직임으로 소리를 감지하는 데 있다. 동물들의 청각기관은 초소형, 고효율, 고감도의 최적화된 구조를 지닌 감각기관으로, 이를 모사하여 구현할 경우 새로운 개념의 인공 청각기구 및 각종 센서 등에 활용할 수 있다.

지구 전체에 큰 재앙으로 다가온 지진, 쓰나미, 화산 폭발 등의 자연 재해를 인간의 감각은 물론이고, 과학기술로 미리 예측하는 데도 한계가 있다. 인간에 의한 예측보다도 지진을 먼저 감지하고 대피하는 동물들의 사례는 여러 번 뉴스에 보도된 바 있으며, 동물들이 가진 감지 능력은 우리가 상상하는 것보다 훨씬 탁월한 특성을 보이고 있음을 알 수 있다.

세상에 존재하는 파동의 종류에는 초저주파, 저주파, 고주파, 초고주파 등이 있다. 인간이 들을 수 있는 가청주파수는 20 Hz에서 20 kHz 사이지만, 말이나 코끼리 등은 수 Hz 이하인 초저주파수 대역을 들을 수 있어 쓰나미나 지진과 같은 저주파의 진동을 감지할 수 있는 것으로 알려져 있으며, 박쥐나 돌고래 등은 고주파 대역인 초음파를 감지할 수 있다.

주파수 대역의 특징

사실 인간의 청각 능력도 현재 개발되어 있는 어떠한 음향센서나 진동센서보다 좋은 성능을 가지고 있다. 초소형이면서도 넓은 영역의 신호를 고감도로 감지할 수 있으며, 고효율의 최적화된 구조이다.

인간의 청각기구는 귓바퀴에서 소리를 모아 외이도를 통해 고막을 진동시키는 '외이', 고막의 진동을 증폭시켜 달팽이관에 전달하는 '중이', 그리고 소리를 적절히 구분하여 청신경에 전달해주는 달팽이관(와우)의 '내이'로 구성되어 있다. 달팽이관 내에는 기저막이라는 얇은 막이 소리의 진동 수에 따라 반응하는 위치가 바뀌게 되어 고음과 저음을 구분할 수 있으며, 머리카락의 수천 분의 일 굵기를 가진 부동섬모(Stereocilia) 다발의 흔들림에 따라 청신경을 자극하는 신호가 발생된다.

사람의 귓바퀴와 외이도(귓구멍)는 소리를 모으는 역할을 하며, 전달된 소리에너지는 고막을 통해 진동운동으로 변환된다. 고막과 달팽이관 사이에는 세 개의 뼈 즉, 망치뼈(추골), 모루뼈(침골), 등자뼈(등골)로 이루어진 중이가 있으며, 중이는 공기 중의 진동에너지가 들어와 체액으로 채워진 달팽이관 속의 기저막을 진동시키기 위해 음압을 증폭시켜주는 역할을 한다. 고막의 면적은 55 mm², 등자뼈가 연결된 달팽이관 난원창(Oval window)의 면적은 3.2 mm²로써, 17배의 차이가 난다. 등자뼈의 움직임은 망치뼈 움직임의 3/4으로써 힘은 1.3배 정도 커지게 된다. 따라서 난원창에 전달되는 음압은 고막에 전달되는 음압의 약 22배가 된다. 고막과 이소골계는 공기 중의 음파와 달팽이관 내의 액체 사이의 소리 전달을 원활하게 하기 위하여 에너지 전달을 극대화한다.

달팽이관 외곽은 딱딱한 뼈 성분으로 되어 있으며, 3개의 튜브가 2¾바퀴 꼬여져 있는 형태로써 단면은 전정계(Scala bestibuli), 중앙계(Scala media), 고

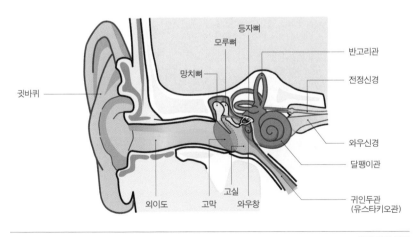

사람 귀의 구조
©2009, Bornaz Sebastian

실계(Scala tympany)로 구성되어 있다. 전정계와 중앙계는 전정막(Reissner막, Vestibular membrane)으로 구분되어 있으며, 고실계와 중앙계는 2~3만 개의 기저섬유로 이루어진 기저막(Basilar membrane)으로 구분되어 있다. 전정계와 고실계는 달팽이관 끝에 있는 소공(Helicotrema)으로 연결되어 있다. 기저섬유는 난원창에서 소공 쪽으로 갈수록 약 0.04~0.5 mm로 점점 길어지지만 굵기는 감소하여, 전체적으로 강성이 100배 이상 감소한다. 난원창 근처의 기저섬유는 고주파에 잘 공명되며, 소공 쪽에서는 길고 유연한 기저섬유가 있어 저주파에 잘 공명된다.

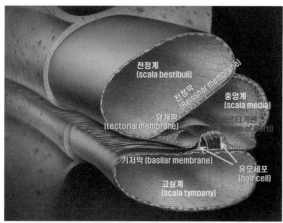

달팽이관의 단면 구조

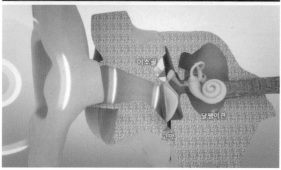

소리 전달 메커니즘

코르티(Corti)기관은 기저막의 표면에 놓여있으며, 기저막의 진동에 반응하여 청각신호를 발생시키는 청각 수용기인 유모세포(Hair cell)로 구성되어 있다. 내측(Inner)유모세포는 한 줄로 약 3500개, 직경은 약 12 μm이며, 외측(Outer)유모세포는 3~4줄로 약 12,000개, 직경은 약 8 μm 정도이다. 유모세포에서 발생된 청각 신호는 나선신경절(Spiral ganglion)을 통해 뇌의 중추신경계로 전달되어 비로소 소리를 인지하게 된다. 유모세포 끝에는 부동섬모(Stereocilia)가 있으며, 덮개막(Tectorial membrane)에 닿아있다. 기저막이 진동하면 덮개막과 사이에 있는 부동섬모가 움직이게 되며, 200~300개의 양이온 전달채널이 열리며 신경전달물질이 분비되어 청각세포를 자극하게 된다.

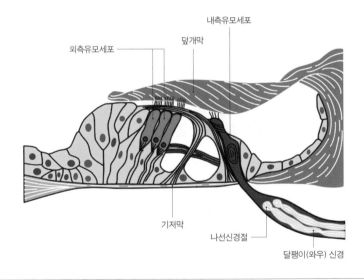

기저막과 부동섬모
https://en.wikipedia.org/wiki/Basilar_membrane#/media/File:Organ_of_corti.svg
©2009, Madhero88

⑤ 청각장애 및 인공 청각기구

헬렌 켈러(1880~1968)   조안나 설리번(1866~1936)

　미국의 유명한 사회사업가이자 지식인인 헬렌 켈러(Helen A. Keller)와 그녀
의 스승이자 동반자인 조안나 설리번(Johannna Sullivan)에 대한 이야기는 여
전히 많은 사람들에게 감동을 주고 있다. 헬렌 켈러는 생후 19개월에 얻은

뇌천수막염의 후유증으로 시각과 청각을 모두 잃은 복합장애를 가지게 되었지만, 설리번 선생님의 도움으로 세계 최초로 대학 교육을 받은 장애인이 되었으며 인권 운동가와 작가로 많은 활동을 벌였다.

헬렌 켈러는 "이 세상에서 가장 훌륭하고 아름다운 것들은 보거나 들을 수 없지만 가슴으로 느껴져야 합니다(The best and most beautiful things in this world cannot be seen or even heard, but must be felt with the heart)", "보지 못하는 것은 우리를 사물과 단절시키지만, 듣지 못하는 것은 사람들과의 관계를 단절시킨다(Blindness cuts us off from things, but deafness cuts off from people)." 등의 말을 남겨 인간관계와 의사소통을 위해 듣는 것이 무엇보다도 중요함을 일깨워 주고 있다.

청각장애의 원인은 선천성, 소음성, 노인성 및 신경성 난청 등으로 구분되며, 대부분 외이보다는 중이나 내이 또는 청각 중추에 병인이 있는 경우가 많다. 중이에 이상이 있는 경우 보청기와 중이 임플란트를 이용하여 청력을 회복하고 있으며, 내이에 이상이 있는 경우 인공 달팽이관 시술을 하게 된다.

인공 달팽이관은 소리를 전기적 신호로 바꿔주는 마이크와 이 신호를 코드화해주는 어음처리기, 변환된 코드를 귓속에 전달해주기 위한 송신기와 수신기, 그리고 청신경을 자극하는 전극 등으로 구성되어 있다. 이러한 인공 달팽이관 장치는 어음처리, 신호의 송수신 및 청신경 자극을 위해 큰 전력이 소모되는 단점이 있다. 또한 어음처리기와 배터리의 휴대 그리고 측두골에 매식해야 하는 송수신기로 인한 장애 노출 등의 이유로 최근 완전이식형 인공 달팽이관의 개발에 관심이 높아지고 있다.

다음 페이지 그림은 청력 손상 부위에 따른 보조기구의 종류이다. 보청기는 단순히 소리를 키워주는 역할을 하는 보조기기이며, 중이 임플란트는 중이에 병변이 생겼을 경우 시술하는 방법이다. 인공 달팽이관은 내이에 손상이 있으나 청세포는 아직 살아 있어 외부로부터 전달되는 소리를 전기신호로 변환하여 자극해주는 장치이며, 청성뇌간 임플란트는 청각세포까지 손상되었을 경우 몸 밖에서 소리를 전기신호로 변환하여 뇌의 특정 부위를 직접 자극하여 소리를 듣게 하는 시술방법이다.

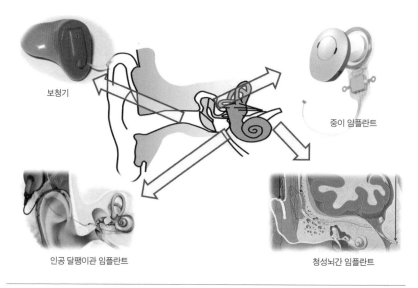

청각 보조기기의 종류

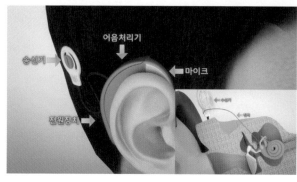

기존의 인공 달팽이관 시스템

생체모사 인공 달팽이관은 기저막의 주파수 분리 특성이 공진(Resonance) 원리에 있음을 이용하여 특정 주파수 대역에서 공진하도록 설계된 '인공 기저막(ABM; Artificial Basilar Membrane)'의 개념을 도입한다. 인공 기저막은 기존의 마이크로폰의 역할과 전력소모가 큰 음성처리기 음성처리기의 역할을 동시에 수행할 뿐만 아니라 완전 무전원으로 동작하는 특징을 가진다.

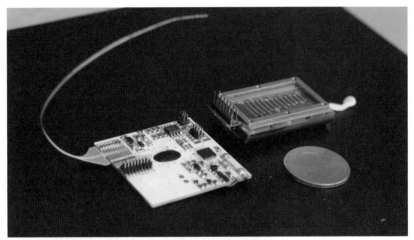

완성된 생체모사 인공 기저막 조립체

달팽이관 속의 기저막과 부동섬모의 작동 메커니즘을 모사한 생체모사 인공 기저막, 체내 이식 전자 모듈, 무선 충전 배터리 및 청신경 자극 전극 등으로 구성된 신개념의 인공 달팽이관 기술은 체내에 완전이식이 가능한 기술로 주목받고 있으며, 국내의 연구진에 의해 국내외 주요 국가에 원천특허가 등록되어 있다. 동물 실험을 통한 청신경을 자극할 수 있는 전기신호 발생 실험까지 완료되어 있으며, 향후 인공 기저막의 성능 개선 및 안전성 확보, 임상 실험에 대한 가이드라인 구축 등 중장기적인 후속 연구개발을 통해 완전이식형 인공 달팽이관 제품 개발로 이어질 수 있을 것이라 기대되고 있다.

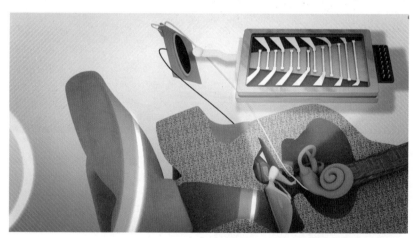

생체모사 인공 달팽이관 개념도

4차원 프린팅 공정과 자연 생명체의 성장 과정을 비교해 보면
상당한 유사성이 있는 것을 알 수 있다. 동식물을 비롯한 모든 자연계에 있는
생명체들은 아주 작은 세포로 시작하여 자기조직화(self-organization) 또는
자기조립화(self-assembly) 과정을 통해 성장해 나간다. 생물이 시간 경과에 따라
성장하는 모습은 마치 4차원 프린팅과 흡사한 공정이라고 볼 수 있다.

제6장

인체 조직·장기를
프린팅하다

① 3차원 프린팅 기술이란?

3차원 프린팅 기술이란, 고분자 물질이나 플라스틱 또는 금속성 가루 소재를 3차원 설계 데이터를 기반으로 적층 제조 즉, 한 층 한 층을 원하는 모양대로 쌓아가는 기술이다. 적층 제조법(Additive manufacturing)이라고 불리기도 하며, 실물의 모형과 같은 프로토타입을 만들거나 실제 제품을 만드는 데 이용된다. 최근에는 살아있는 세포와 인체 친화성 바이오소재를 혼합한 바이오잉크를 직접 프린팅하여 인체 조직과 장기를 만드는 연구까지 진행되고 있다.

2012년 「FINANCIAL TIMES」의 보도에 의하면, 3차원 프린팅 기술은 앞으로 인터넷보다도 세상에 더 큰 영향을 끼칠 것이라 예상된다. 2013년에는 버락 오바마 미국 대통령이 연두 기자회견에서 3차원 프린팅 기술이 미국의 제조업 기술에 혁신을 이룩할 것이라고 말해서 3차원 프린팅 산업이 크게 각광받기 시작한 원동력이 되었다. 미국은 전 세계 3차원 프린팅 시장의 40% 정도를 차지하고 있으며, 3천만 달러의 특화기관 설립 자금과 9천만 달러의 연구개발 자금을 투입한다고 발표하였다.

3차원 프린팅 기술은 제조업 분야에서 물건을 찍어내기 위한 틀이 필요 없이 바로 신속하게 만들 수 있어서 시간과 비용을 절감할 수 있으며, 내가 원하는 모양의 제품, 세상에 하나밖에 없는 나만의 물건을 만들 수 있는 장점을 가진 뛰어난 기술이다. 2012년 런던 올림픽에서도 올림픽 경기장을 설계하고 모형을 만드는 데 3차원 프린팅 기술이 활용된 바 있다.

3차원 프린팅 기술은 전통적인 생산 방법에서 생각하지 못했던 새로운 가능성을 제시하면서 제조업의 새로운 가치를 창출해 나갈 수 있을 것으로 기대를 모으고 있다. 최근 4차 산업혁명의 핵심기술로 여러 가지가 등장하고 있지만, 그 중에서도 특히 제조업에 3차원 프린팅 기술이 접목됨으로써 여러 가지 변화를 견인할 수 있을 것으로 예측되고 있다. 대표적인 기술 예측 기관인 가트너에서 예상하는 10대 전략 기술에는 3차원 프린팅 기술이 매년 포함되어 있으며, 국내에서도 3차원 프린팅 기술이 산업용이나 바이오메디컬 분야에 적극적으로 활용될 것이라는 미래 전망 보고서가 발표되었다.

3차원 프린팅 기술의 특징을 살펴보면, 기존의 제조 공정은 대부분 대량 생산에 초점을 맞춰 여러 개의 같은 물건을 값싸게 만들어 내는 것에 주안점을 둔 반면, 현재는 고부가가치의 맞춤형 제품 생산에 초점을 맞춰 재고 없이 꼭 필요한 만큼만 조립 생산하는 제조 방식으로 바뀌고 있다.

미국의 '3D Systems Corp.'를 설립한 찰스 헐(Charles W. Hull)이 1984년 입체인쇄술(Stereo-lithography, SLA)이라는 제목으로 특허를 출원하면서부터 시작되었다. 3D systems는 1988년에 빛을 받으면 굳어지는 액체플라스틱을 이용하여 원하는 부위만 응고시키는 방법으로 세계 최초로 광경화 재료의 3차원 프린터를 선보였다.

3차원 프린팅 공정은 3차원의 CAD(Computer Aided Design) 도면에 따라 만들고자 하는 형상을 레이저와 파우더 재료로 빠르게 조형하는 기술을 의미하는 '쾌속조형(Rapid Prototyping)'에서 유래되었으며, 입체형상의 소재를 기계가공 또는 레이저를 이용하여 자르거나 깎는 방식으로 원하는 모양을 만드는 '절삭가공(Subtractive Manufacturing)'과 반대되는 개념을 가지고 있다.

3차원 프린팅에 대한 공식적인 기술 용어는 2009년 미국재료시험학회(American Society of Testing and Materials, ASTM)에서 '적층가공(Additive Manufacturing)'이라 정의하였으며, 적층공정(Additive Fabrication), 층 제조(Layer Manufacturing), 자유형상공정(Freeform Fabrication) 등의 용어와 함께 사용되고 있다. 적층가공 공정에 대한 용어 설명은 ASTM F2792-12a에 잘 서술되어 있다.

3차원 프린팅 기술은 적층 방식과 사용되는 재료에 따라 구분된다. 적층 방식에 따라 압출, 분사, 광경화, 소결, 인발, 침전, 접합 등으로 구분되며, 활용 가능한 재료는 폴리머, 금속, 종이, 목재, 식재료, 생체재료 등으로 다양하다.

광중합(Photo Polymerization, PP) 방식들 중 대표적인 SLA 방법은 상업상 가장 먼저 도입되었다. 액상의 광경화 재료 표면에 레이저를 이용하여 경화시키는 원리로써, 한 층이 경화되면 한 층 두께만큼 내리고, 다시 레이저를 이용해 다음 층을 생성시키는 방법이다. 이 방법은 정확한 조형이 가능하다는 장점이 있으나, 경화 재료가 시간이 지나면서 마모될 수 있어 내구성이 떨어진다는 단점이 있다. 또한, 레이저를 통해 경화 가능한 재료만 사용할 수 있어서 재료의 한계성이 있고, 생체분야에 적용하는 경우 재료의 독성도 문제가 될 수 있다.

재료분사(Material Jetting, MJ) 방식은 포토폴리머 소재에 에너지 빔을 조사하여 선택적으로 굳혀서 원하는 형상을 얻는다. 잉크젯 프린터 헤드를 이용하여 포토폴리머를 원하는 패턴에만 조형하여 UV 램프를 켜 경화시킨다.

재료압출(Material Extrusion, ME) 방식들 중 대표적인 FDM(Fused Deposition Modeling) 방법은 필라멘트 형태로 만든 폴리머를 노즐 안에서 가열하고, 노즐을 통해 분사시켜 한 층이 굳어지면 다음 층을 적층한다. 이 방법은 조형 속도가 느리고, 필라멘트선의 가장자리만 녹이기 때문에 결합이 약해질 수 있는 단점을 가지고 있다.

분말적층용융(Powder Bed Fusion, PBF) 방식들 중 대표적인 SLS(Selective Laser Sintering) 방법은 SLA 방법과 거의 유사한 과정이라고 할 수 있는데, 파우더 형태의 재료를 레이저에 조사하여 고형화시킴으로써 층을 형성하고, 그 위에 다시 파우더를 얇게 뿌리고 다시 레이저를 조사하여 새로운 층을 형성하여 층층이 쌓아올리는 방식이다. 이 방법은 조형속도는 빠르게 할 수 있으나, 조형 정밀도는 다소 떨어지는 단점을 가지고 있다.

접착제 분사(Binder Jetting, BJ) 방식들 중 대표적인 파우더 분사(3 Dimensional Printing, 3DP) 방법은 얇은 분말을 롤러를 이용하여 균일하게 펼친 후, 결합제를 뿌려 한 층씩 생성시키는 방법이다. 분말을 사용하기 때문에 3 차원 형상물의 정밀함은 떨어진다.

고 에너지 직접조사(Direct Energy Deposition, DED) 방식은 헤드 부분에 재료 분말과 에너지원을 집적화한 방식으로 고 에너지원으로 바로 분말을 녹여서 붙이는 방식이다.

3차원 프린팅 공정 방식(ASTM F2792-12a)

광중합 방식 **[PP]** (Photo Polymerization)	빛의 조사로 플라스틱 소재의 중합반응을 일으켜 선택적으로 고형화시킴	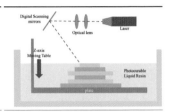
재료분사 방식 **[MJ]** (Material Jetting)	용액 형태의 소재를 Jetting으로 토출시키고 자외선 등으로 경화시킴	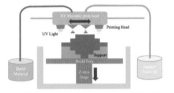
재료압출 방식 **[ME]** (Material Extrusion)	고온 가열한 재료를 노즐을 통해 압력으로 연속적으로 밀어내며 위치를 이동시켜 물체를 형성시킴	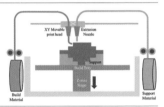
분말적층용융 방식 **[PBF]** (Powder Bed Fusion)	가루 형태의 모재 위에 고에너지빔(레이저나 전자빔 등)을 주시하며 조사해 선택적으로 결합시킴	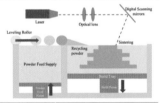
접착제 분사 방식 **[BJ]** (Binder Jetting)	가루 형태의 모재 위에 액체 형태의 접착체를 토출시켜 결합시킴	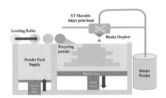
고 에너지 직접조사 방식 **[DED]** (Direct Energy Deposition)	고 에너지원 (레이저나 전자빔 등)으로 원소재를 녹여 부착시킴	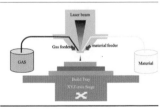

② 4차원 프린팅 공정과 자연 생명체의 성장

4차원 프린팅이란 외부 환경 변화(열, 물, 진동, 중력, 공기, 자력 등)에 따라 스스로 형태나 특성이 변하는 복합 물질을 3차원 프린팅으로 제작하는 기술이다. 즉, 4차원 프린팅으로 만들어진 물체는 외부 환경 변화에 반응하여 자기조립 또는 자기 변형되어 원하는 모습의 형태와 특성을 갖게 된다. 2013년 미국 MIT 스카일러 티비츠(Skylar Tibbits) 교수의 '자기조립과 4차원 프린팅'이라는 TED 동영상이 공개되면서 널리 알려지게 되었다. 자기조립이나 자기변형은 모두 해당 현상이 발생할 조건을 사전에 물질 자체에 내장하고 있다. 4차원 프린팅은 프로그래밍 기반의 자기변형 및 자기조립이 가능한 제조시스템(programmable material based system)이라고 할 수 있다. 4차원 프린팅은 개념에서 볼 수 있는 바와 같이 3차원 프린팅으로 제작한 여러 부품을 사람의 개입 없이 조립할 수 있게 해주기 때문에 모든 제조공정의 효율 향상을 불러올 파괴적인 기술(Disruptive technology)이 될 것으로 기대되고 있다.

스카일러 티비츠 교수는 나노기술을 이용해서 조건에 따라 외형이 변화하는 파이프를 개발하고 있으며, 이 신개념의 파이프는 향후 20여 년간 미국의 수도시설 보수에 소요될 것으로 예상되는 3,348억 달러의 비용을 절감할 것이라 전망하고 있다. 미국 버지니아 공과대학 기계공학과 적층제조 시스템 연구실에서는 자기변형 인공 손가락 관절을 선보여 눈길을 끌었다. 인공 손가락을 전산설계하고 3차원 프린터로 제작한 후에 관절에 의해 손가락이 구부러지는 동작을 구현했다.

국내에서도 4차원 프린팅 기술을 활용한 의료용 스텐트(Stent)가 개발되어 보고된 바 있다. 초기에 3차원 프린트된 납작한 구조물을 에탄올에 담가 일정 시간이 경과되면 원통형으로 변형되어 스텐트 모양을 갖추게 되는 기술이다. 이러한 4차원 프린팅 기술은 고가의 제품이나 고성능을 요구하는 항공기와 자동차, 보건의료 그리고 국방 분야에 응용될 것으로 기대된다.

4차원 프린팅 공정과 자연 생명체의 성장 과정을 비교해 보면 상당한 유

4차원 프린팅으로 제작된 꽃 모양 제품
Ge, Qi & Sakhaei, Amir Hosein & Lee, Howon & Dunn, Conner & Fang, Nicholas & Dunn, Martin. (2016). Multimaterial 4D Printing with Tailorable Shape Memory Polymers. Scientific Reports. 6. 31110. 10.1038/srep31110.

사성이 있는 것을 살펴볼 수 있다. 동식물을 비롯한 모든 자연계에 있는 생명체들은 아주 작은 세포로부터 시작하여 자기조직화(self-organization) 또는 자기조립화(self-assembly) 과정을 통해 성장해 나간다. 생물이 시간 경과에 따라 성장하는 모습은 마치 4차원 프린팅과 흡사한 공정이라고 볼 수 있다.

IT 리서치 기업 가트너(Gartner)는 4차원 프린팅을 '디지털 비즈니스 혁신을 가속화하는 주요 기술 중 하나'로 선정했으며, 글로벌 조사기관 Markets and Markets는 시장 성장 가능성을 2019년 6,300만 달러, 2025년 5억 3,800만 달러로 연평균 40%씩 성장할 것으로 전망하고 있다. 또한 3차원 프린터 세계시장 1위 업체인 스트라타시스(Stratasys)를 포함하여 3D 시스템즈(3D Systems), 오토데스크(Autodesk), 엑스원(Exone), 휴렛팩커드(HP) 그리고 바이오프린팅 업체인 오가노보(Organovo) 등이 4차원 프린터 시장에 진출하고 있고, 미국과 유럽 등 다수의 대학 및 연구기관도 참여하고 있다.

메디컬 분야에서의 4차원 프린팅은 자기조립식 생체재료, 조직공학, 나노입자 설계, 나노로봇 개발 등에 응용되어 활용될 것으로 기대를 모으고 있다. 예를 들면, 인공 간(Artificial Human Liver) 개발을 진행해 온 미국의 '오가노보 홀딩스(Organovo Holdings)'는 4차원 프린팅 기술과 의료 기술을 융합하여 인공 생체 조직, 특히 인간의 근육조직(Human Tissue)을 개발 중이며, 4차원 프린팅 기술을 이용한 제품 중 가장 먼저 상용화될 것으로 전망되고 있다. 그 밖에도 혈액의 손실과 손상을 최소화하며 혈압/혈류에 스스로 반응하는 인공 혈관, 인공조직 및 피부재생에 도움이 되는 스캐폴드(Scaffold)를 제작하여 재생 치유속도를 향상시키는 기술, 그리고 화상 환자의 감염 위험을 최소화하고 상처 부위에 산소와 반응물질을 공급하여 치유를 촉진하는 지능형 붕대 등에 활용될 것으로 기대되고 있다.

③ 3차원 바이오프린팅과 인공장기

3차원 프린팅 기술은 개인 맞춤형이 가능하다는 장점으로 인해 바이오의료분야에 적극적으로 활용되고 있다. 3차원 바이오프린팅 기술은 세포와 생체적합 소재로 구성된 바이오잉크를 이용하여 인체조직재생이 가능한 인공지지체 또는 인공조직 및 인공장기를 만드는 재생의학 기술이다. 3차원 바이오프린팅 기술로 만들어진 인공조직과 장기는 시간이 지남에 따라 그 형태나 기능이 완성되어 가는 모습이 4차원 프린팅 기술과 유사성이 있다.

의료분야에서 3차원 프린팅이 활용되는 이유는 크게 두 가지다. 우선 인체 구조가 개개인마다 다르기 때문에 환자 맞춤형 보형물을 제작하는데 3차원 프린팅 기술을 활용할 수 있다. 또한 자기공명영상장치(MRI)나 컴퓨터단층촬영장치(CT) 등 의료분야에서의 3차원 기술 도입이 증가하면서 이에 따른 환자의 디지털 데이터를 활용한 신체 모형이나 의료용 장비를 제작하는 사례가 늘고 있다.

3차원 프린팅 기술의 의료분야 적용 사례는 기존의 산업용 3차원 프린팅 기술을 의료분야에 적용하는 기술과 3차원 바이오프린팅 기술을 이용하여 인공조직이나 인공장기를 제작하는 기술로 구분할 수 있다.

먼저 보청기, 치아 임플란트, 의족 등 환자 맞춤형 제품이 필요한 영역에는 3차원 프린팅 기술이 적용되고 있다. 덴마크의 보청기 회사인 와이덱스 (Widex)는 개인별로 다른 귀 모양을 3차원 스캐너로 촬영해 정확하게 맞춤화된 보청기를 제작해 생산하고 있으며, 치아 임플란트나 보철기기를 제작할 때도 이미 보급되어 있는 3차원 CT, 치과용 3차원 스캐너 등으로 획득한 데이터를 이용하여 맞춤형 제품을 제작하는 데 적용되고 있다.

3차원 바이오프린팅 공정은 6단계로 정리할 수 있다. 1단계는 X-선, CT, MRI 등의 장비를 통해 3차원 이미지를 얻는다. 2단계는 실제 인체 조직과 같은 모양을 만들기 위한 설계 단계이며, 3, 4단계는 적절한 생체소재와 세포를 선택하는 단계이다. 5단계는 바이오프린팅 장비를 이용하여 실제 조직 모양을 만들며, 마지막 6단계를 통해 인체에 이식할 수 있는 조직으로 성장시킨다.

(1) 3차원 바이오프린팅 모형 제작 응용 사례

미국 캘리포니아 주립대학 의대에서 샴쌍둥이의 붙어 있는 신체 부분을 MRI로 촬영한 후 3차원 프린터를 활용해 모형을 제작하여 두 아이의 내장과 뼈가 다치지 않도록 분리하는 수술 예행연습을 실시함으로써 위험한 수술을 빠르고 안전하게 성공적으로 마친 사례가 있다. 국내에서는 처음으로 삼성서울병원에서 부비동암 수술에 3차원 프린터를 활용해 주목을 받았다. 부비동암을 앓고 있는 환자의 CT 영상 데이터로부터 수술 부위 골격을 3차원 모형으로 제작하고, 얼굴 골격 절제 범위와 뼈의 두께, 절제 방향의 중요 구조물을 실시간으로 확인하여 성공적으로 수술을 진행하였다.

(2) 3차원 바이오프린팅 인공조직/장기 기술

3차원 바이오프린팅 기술이 발전함에 따라 체내 이식용 인공조직 및 장기제작기술개발 분야에서도 수많은 연구들이 이루어지고 있다.

미국 루이스빌 대학 심장혈관혁신연구소(Cardiovascular Innovation Institute)의 스튜어트 윌리엄스(Stuart Williams) 박사는 3차원 프린팅 기술로 이식용 바이오인공심장(Bio-artificial Heart)을 개발할 것이라는 발표를 했다. 연구팀은 지방줄기세포를 3차원 바이오프린팅한 후, 프린팅된 세포의 증식과 세포 간 결합을 유도함으로써 인공 심장을 개발하는 연구를 하고 있으며, 관상동맥과 작은 혈관 일부를 개발하는 데 성공했다고 발표했다.

미국의 3차원 바이오프린터 기업인 오가노보(Organovo)사에서는 3차원 프린터로 만든 간 조직을 시장에 내놓음으로써 장기이식과 신약 개발의 이정표를 세우겠다고 발표했다. 제작된 간 조직은 현재로는 임상적용이 어려우나, 실험실에서 연구용으로 활용할 수 있다. 간 조직에 적합한 바이오잉크를 개발하여 사용하고 프린팅된 간 조직을 활용함으로써 신약 개발연구에 도움을 줄 수 있으며, 이를 통하여 인공장기 개발에 소요되는 비용 절감에 도움이 될 것으로 기대된다. 또한 수만 개의 세포가 포함된 바이오잉크를 이용하여 원하는 모양의 3차원 구조체로 적층하여 간 조직을 제작하였고, 40

일간 세포 생존율을 확인함으로써 인공장기 제작 가능성을 보였다. 특히, 조직에 지속적으로 산소와 영양분을 제공할 수 있는 500 μm 이상 두께의 혈관을 만드는 데 성공함으로써 간 조직 형성을 유지할 수 있음을 확인했다.

3차원 바이오프린팅 시스템이란 생체 적합성 재료를 이용하여 인체의 조직이나 장기와 유사한 형태의 3차원 스캐폴드를 제작하는 것을 의미한다. 3차원 바이오프린팅 시스템을 이용하여 세포를 지지할 수 있는 스캐폴드와 세포의 성장을 도와주는 성장인자 등을 함께 프린팅하여 인체의 손상된 장기나 조직을 대체할 수 있는 인공조직을 개발하는 연구가 활발히 진행되고 있다. 스캐폴드는 인체의 손상된 조직이나 장기를 새로운 조직이 형성되기 전까지 지지해 주는 역할을 한다. 이상적인 스캐폴드가 가져야 할 기본적인 특성은 다음과 같다.

1) 세포나 조직의 성장을 돕기 위해 영양분 공급과 대사가 원활하도록 3차원적인 구조와 연결된 기공 네트워크 및 높은 다공성을 지녀야 한다.
2) 생분해성 및 생흡수성을 가져야 한다.
3) 세포의 부착, 증식, 분화를 위해 스캐폴드 표면에 적합한 화학구조를 가져야 한다.
4) 이식 부위에 요구되는 기계적 물성과 일치하는 적절한 기계적 특성을 필요로 한다.
5) 적용하고자 하는 부위에 적합하도록 다양한 모양과 크기의 형태로 형상 변화를 조절할 수 있어야 한다.

이러한 스캐폴드를 제작하기 위해 지금까지 다양한 재료와 방법이 개발되었으며, 제작 방법으로는 염침출법, 염발포법, 섬유주조/섬유결합법, 상분리법, 동결건조법, 전기방사법 등이 있다. 그러나 이러한 방법들은 유기용매를 사용하기 때문에 독성을 유발하며, 긴 제작 시간과 노동 집약적 공정, 불규칙한 모양 및 공극을 형성하고, 공극 간의 연결성이 좋지 못하다는 한계점을 지니고 있다.

3차원 바이오프린팅 기술은 환자의 환부 형태에 따라 맞춤형으로 스캐폴드를 제작할 수 있을 뿐만 아니라, 유기용매를 사용하지 않고 스캐폴드를 제작할 수 있는 장점을 가지고 있어 기존 스캐폴드 제작의 한계점을 해결할 수 있다. 또한 기계적 물성에 따라 다양한 소재를 복합한 스캐폴드를 제작할 수 있는 장점을 가지고 있다. 이를 위해서는 환자의 환부로부터 CT나 MRI 등의 의료 측정 장비로 영상을 얻어 3차원 바이오프린팅이 가능한 STL 형식으로 데이터 변환이 필요하다. 이렇게 변환된 3차원 STL 데이터를 프린팅 장비가 인식할 수 있는 NC코드로 변환한 후, 바이오프린팅 장비로 3차원 구조체를 제작함으로써 환부에 이식 가능한 맞춤형 스캐폴드를 제작할 수 있다. 이와 같이 이미지 데이터 변환 과정에서 기공의 크기와 기공률 그리고 기공의 연결성을 조절할 수 있으며, 이를 바탕으로 다양한 기공의 크기, 기공률, 기공 형상 등이 조절된 3차원 스캐폴드의 제작도 가능하다.

최근 인체 세포와 생체재료를 프린팅하여 인공 피부를 제작하고, 환자의 환부에 직접 프린팅하여 In-situ로 손상된 피부를 재생시키는 3차원 바이오 프린팅 장비가 국내에서 개발되었다. 이 장비는 환부의 크기와 형상을 실시간으로 측정하여 정확한 프린팅이 가능하며, 환자의 환부에 직접 바이오잉크를 프린팅하여 빠른 상처 치유 효과를 거둘 수 있게 되었다. 이 장비에는 환부의 위치, 크기, 깊이 등을 파악할 수 있는 스캐너와 환부에 직접 세포와

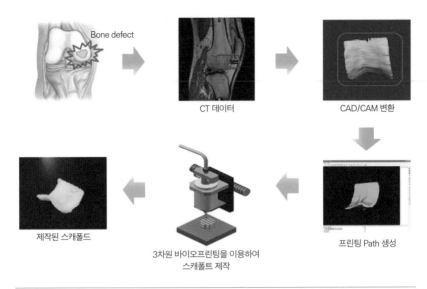

Bone defect

CT 데이터

CAD/CAM 변환

프린팅 Path 생성

3차원 바이오프린팅을 이용하여
스캐폴트 제작

제작된 스캐폴드

3차원 바이오프린팅 시스템을 이용한 맞춤형 스캐폴드 제작 개념도

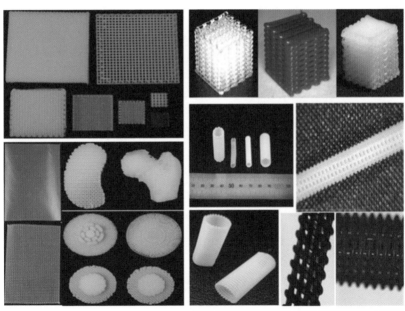

3차원 바이오프린팅 장비로 제작된 다양한 형상의 스캐폴드

바이오잉크를 프린팅할 수 있는 디스펜서가 장착되어 있으며, 환부의 위치, 크기, 깊이 등을 파악하여 프린팅할 영역을 자동으로 계산하는 소프트웨어가 구축되어 있다. 또한, 손상된 피부 표면(평면이 아닌 곡면 프린팅 가능)을 따라 프린팅할 수 있다.

이 장비는 3가지 종류의 세포와 FDA의 승인을 받은 생체재료를 동시에 프린팅할 수 있으며, 프린팅 디스펜서의 구동 정밀도 10 μm 이하로 매우 정밀한 프린팅이 가능한 세계 최고 수준의 3차원 바이오프린팅 장비로써 쥐를 이용한 소동물 실험과 돼지를 이용한 대동물 실험을 통하여 유효성을 검증받았다.

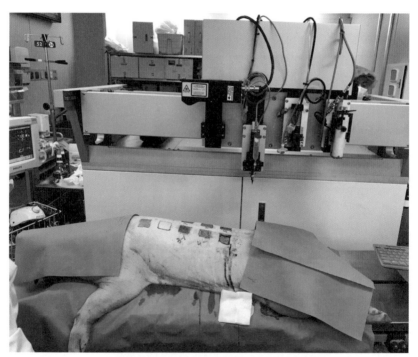

한국기계연구원에서 개발, 환부에 직접 프린팅이 가능한 3차원 바이오프린팅 장비

현대사회의 고령화에 따른 장기 기능의 상실과 각종 사고로 인한 장기손상 등이 늘어남에 따라 인공장기에 대한 수요가 급격히 증가하고 있다. 수요가 증가하는 만큼 충분한 공급이 이루어져야 하지만, 신체 장기의 특성상 공급할 수 있는 수준은 턱없이 부족한 현실이다. 그러나 3차원 바이오프린팅 기술을 이용한다면, 장기이식 수급 불균형 문제를 해결할 수 있을 것이다.

인공지능 기술은 인간의 지각, 추론, 학습 능력 등을 컴퓨터를 이용하여 구현함으로써
여러 문제를 해결할 수 있는 기술이며, 큰 범주에서 자연모사기술의 일부 영역에
속한다고 할 수 있다. 인공지능 기술의 발전이 과학기술 측면뿐만 아니라
인문사회학적인 측면에서도 어떠한 영향을 끼칠지에 대한
심층적인 검토 분석을 통하여 긍정적인 영향을 극대화해야 할 것이다.

제 7 장

마무리하면서

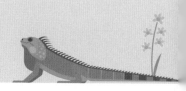

① 4.0에서 4.3의 시대로

바야흐로 우리는 4.0의 시대에 살아간다고 해도 과언이 아닐 정도로 요즘 4.0의 홍수 속에서 살고 있다. 세계경제포럼(WED)의 창시자이자 회장인 클라우스 슈밥이 2016년 다보스 포럼에서 '4차 산업혁명'이라는 화두를 던진 이래로 국내외적으로 큰 관심을 끌고 있는 것은 주지의 사실이다. 현재 진행형으로 산업혁명을 논하는 것 자체에 무리가 있음에도 불구하고, 급변하는 과학기술과 사회 상황을 대변하듯 이제는 4차 산업혁명을 사회 전반에 걸쳐 피해갈 수 없는 대세로 받아들이는 단계에 이르렀다.

4차 산업혁명이라는 표현은 당초 독일에서 주장해 온 제조업 혁신을 의미하는 인더스트리 4.0에 그 뿌리를 두고 있다. 독일은 인더스트리 4.0을 통해 미래 제조업의 세계시장을 주도하고 양질의 일자리 창출과 제조업의 생산성을 높여 경쟁력을 확보하고자 하고 있다. 2006년에 시작된 독일의 하이테크 비전 2020의 액션플랜에 인더스트리 4.0을 2012년부터 도입하였으며, 사물인터넷(IoT), 사이버물리시스템(Cyber-Physical System), 스마트공장 등의 프로그램을 운영하여 현재는 독일 내의 유수 기업에서 시범적인 성과들을 보이고 있다.

4차 산업혁명은 초연결/초지능 사회를 표방하고 있으며, 지능정보기술은 다양한 분야에 활용될 수 있는 범용 기술로의 특성을 지녀 사회 전반에 혁신을 유발하고 광범위한 사회·경제적 파급력을 나타낼 것으로 기대하고 있다. 데이터와 지식이 산업의 새로운 경쟁의 원천으로 부각되어 산업 구조의 변화를 초래하고, 자동화로 대체되는 업무 확대와 신산업 분야에서 새로운 일자리가 창출되는 고용 구조의 변화를 가져올 것으로 예측되고 있다. 또한 각종 서비스의 비용 감소와 품질 향상으로 편의성이 증대되고 생활 전반에 걸쳐 개인 맞춤형 서비스 제공이 확대될 것이다.

4차 산업혁명의 영향을 받아 사회 전반과 산업 각 분야에 '4.0'이라는 용어가 흔히 등장하고 있다. 정부에서는 온라인·오프라인 연계를 통해 스마트 정부 4.0을 표방하고 있다. 정부 4.0은 4차 산업혁명의 '현실과 가상이 대응하는 평행 모델' 개념을 적용하여 부처 간의 협력 체계를 구축하고, 조직·정보·예산을 공유하여 개방형 구조 혁신을 통해 저비용과 고효율의 컨트롤타워를 구축하는 것이다. 4차 산업혁명의 핵심 키워드인 사물인터넷, 클라우드컴퓨팅, 빅데이터, 인공지능, ICT 융합 등을 기반기술로 삼아 정부 4.0을 구현하고자 하고 있다.

가운데에 점을 두고 앞뒤로 숫자로 표현하는 방식은 컴퓨터 소프트웨어의 버전 관리를 위해 고안된 번호 체계이다. 앞 숫자는 새롭게 큰 변화가 있는 주(Major) 버전을 뜻하며, 뒤 숫자는 부차적인(Minor) 변화가 있는 경우 부여된다. 뒤 숫자 0은 알파(Alpha) 버전, 1은 베타(Beta) 버전, 2는 발매후보 (Release candidate) 버전, 3은 발매(Final release) 버전을 의미한다.

언제부터인가 우리는 이런 표기에 익숙해져 왔으며, 특히 뒤 숫자는 '0' 외에 다른 숫자를 찾아보기 어려운 것이 현 상황이다. 일자리가 감소할 것으로 우려되고 있는 4차 산업혁명의 트렌드와 새로운 고용 창출을 최우선 국정과제로 삼고 있는 현 시점에서 알파 버전의 '4.0'이라는 표현보다는 한 단계 업그레이드가 필요한 시점이라고 생각된다. 4차 산업혁명에 대응하는 지능정보사회의 조기 달성과 새로운 일자리 창출을 위한 우리 모두의 소망과 노력을 담아 패스트팔로워가 아닌 퍼스트무버로 나아가기 위하여 좀 더 완성된 모습인 '4.3의 시대'를 제안해 본다.

② 인공지능

　한동안 인간과 기계의 대결로 세간의 관심이 집중된 적이 있다. 모든 언론매체에서는 승부를 떠나 이세돌과 알파고의 대결 자체에 큰 관심을 보였고, 여러 언론사에서는 인간과 기계, 또는 인간과 인공지능의 대결을 대서특필했다.

　기계란 '인간의 편리성을 위해 에너지를 이용하여 원하는 작업을 수행하는 하나 또는 여러 개의 부품으로 구성된 도구'를 뜻한다. 기계는 기계적, 화학적, 열적 또는 전기적 방법으로 동력을 얻는다. 움직이는 부품이 있는 도구를 기계로 분류하기도 하지만, 전자제품의 출현으로 움직이는 부품이 없는 동력 도구도 넓은 의미에서 기계의 범주에 포함시킨다.

　수십만 년 전에 인류가 최초로 사용한 돌도끼는 날카로운 날 부분을 이용하여 힘을 분산시켜 짐승 가죽을 벗기거나 땅을 파고 나무를 자르는 등 편리한 도구로 사용되어 온 기계의 원조라고 할 수 있다. 하찮은 나무막대기 하나도 지렛대의 원리를 이용하는 단순한 기계라고 볼 수 있다. 자동차, 비행기, 우주선은 물론이고, TV, 냉장고, 스마트폰, 컴퓨터, 로봇 등 인간이 만들어 낸 모든 제품도 기계에 포함시킬 수 있다.

한때 세계 최고의 바둑 고수 이세돌 프로기사와 세기의 대결을 벌인 '알파고'를 기계라고 부르는 것도 크게 어색한 일은 아니다. 알파고는 영국의 구글 딥마인드사에서 개발한 컴퓨터 바둑 프로그램으로써, 1,920개의 CPU(중앙처리장치)와 280개의 GPU(그래픽처리장치)가 연결된 분산형 컴퓨터에서 운영된다. 컴퓨터의 하드웨어 측면에서만 보면 슈퍼컴퓨터 중에서도 보통 수준에 지나지 않지만, 딥러닝(심화학습)이라고 하는 인공지능 알고리즘을 사용하여 세계 최고의 바둑 기사인 이세돌에게 도전했고 승리를 거두었다.

인공지능 기술은 인간의 지각, 추론, 학습 능력 등을 컴퓨터를 이용하여 구현함으로써 여러 문제를 해결할 수 있는 기술이며, 큰 범주에서 자연모사 기술의 일부 영역에 속한다고 할 수 있다. 인공지능은 1950년대에 최초로 정의되고 학문으로 연구되기 시작했으며, 60~70년대에는 한계에 봉착하여 잠시 주춤하다가 80년대에 다시 각광을 받게 되어 90년대에 들어서는 산업현장에 응용되었다. 2000년대 이후에 기계학습과 패턴인식 기술이 발달되면서 본격적으로 실제 생활에 적용되기 시작하여, 지능형 로봇/자동차, 지능형 금융/법률 서비스, 지능형 비서, 지능형 감시 시스템 등 다양한 분야에서 널리 응용되고 있다.

인공지능 기술은 빠르게 확산되면서 새로운 부가가치 창출의 원동력으로써 긍정적인 기대뿐만 아니라, 자동화로 인한 일자리 대체, 인간생활의 통제 등 부정적인 영향도 눈여겨봐야 한다. 아마존, 구글, IBM, 마이크로소프트와 같은 거대한 기술 산업들은 산업시장에서 인공지능에 대한 우위를 차지하기 위해 노력하고 있지만, 엘론 머스크, 스티븐 호킹, 빌 게이츠 등 전문가들조차도 인공지능의 위험성과 인류의 미래에 대한 불안감을 표현한 바 있다. 인공지능 기술의 발전이 과학기술 측면뿐만 아니라 인문사회학적인 측면에서도 어떠한 영향을 끼칠지에 대한 심층적인 검토 분석을 통하여 긍정적인 영향을 극대화해야 할 것이다.

3 인류세에 대해

　현재 인류는 약 1만 년 전부터 시작된 홀로세라는 지질시대에 살고 있다. 그런데 최근에는 기후변화 및 자연 생태계 파괴 등을 우려하는 '인류세(Anthropocene)'라는 새로운 지질시대의 명칭이 자주 등장하고 있다. 1995년 노벨 화학상을 수상한 네덜란드의 대기화학자인 파울 크뤼천(Paul Crutzen, 1933~)에 의해 2000년도에 최초로 대중화된 이 명칭은, 현 지질시대 중에서 인류가 지구 환경에 큰 영향을 미친 시점부터 별개의 '세'로 분리한 비공식적인 지질시대를 말한다.

　정확한 시점은 합의되지 않은 상태이지만, 대기의 변화를 기준으로 할 경우 18세기 말 화석연료가 폭발적으로 사용되어 온 산업혁명 시기를 기준으로 삼는다. 1945년 최초의 핵실험이 일어난 이후 미국과 러시아를 필두로 이어진 다양한 핵실험으로 인한 방사성 물질, 무분별한 화석원료 사용으로 인한 대기 중의 이산화탄소, 땅 속에 축적되어 가고 있는 콘크리트, 플라스틱 등이 인류세를 대표하는 물질들이다. 일부에서는 한 해 600억 마리가 소비되는 닭고기의 뼈를 인류세의 최대 지질학적 특징으로 꼽기도 한다.

이는 그간 지구 생태계와 자연을 제대로 돌아보지 못하고 산업 발전에만 매진해 온 결과의 산물로써 더 이상은 늦출 수 없으므로 시급히 관심을 가지고 인류세의 진행을 막도록 노력해야 하겠다. 인류세를 해결하기 위해서는 다양한 학문과 기술이 융합하는 과정이 필요하다. 과학계의 노력뿐만 아니라 정치, 경제, 사회, 문화, 교육 등 다양한 분야의 전문가들이 머리를 맞대고 시스템적인 변화에 대해 논의가 필요하며, 여기에 자연으로부터 영감을 얻은 자연모사기술이 일익을 담당할 수 있을 것으로 기대해본다.

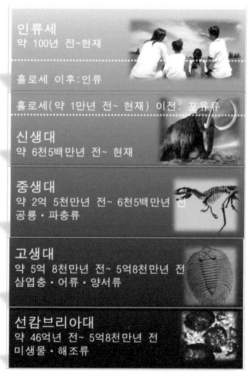

주요 지질시대와 생물